WordPress
入门很轻松

聚慕课教育研发中心 ◎ 编著

清华大学出版社

北 京

内容简介

本书是专为零基础读者打造的 WordPress 全栈开发指南，系统地讲解了从基础知识到项目搭建开发的完整知识体系。作为全球受欢迎的内容管理系统，WordPress 不仅是博客平台，更是企业级网站开发的高效工具。本书通过工程化的教学方式，帮助读者掌握 WordPress 的核心原理与前沿开发技术，构建专业的网站开发能力。

全书共 11 章。首先讲解了 WordPress 的基本概念、Wordpress 版本的对比、WordPress 的托管等基本内容；接着详细介绍了在使用 WordPress 前，需要搭建的本地开发环境和线上开发环境以及 WordPress 的安装与配置；然后详细介绍了 WordPress 的后台管理详情，包括菜单栏和工具栏各部分的使用方法；紧接着详细介绍了 WordPress 中网络优化和提升引擎排名插件的安装到配置的全过程；最后，给出了两个真实案例，包括从主题选择到核心插件安装配置，再到项目实战。通过丰富的实例、清晰的步骤分解和直观的图示，读者能够在愉快的阅读中轻松学习 WordPress。

本书致力于从多维度、全方位帮助读者快速掌握 WordPress 全栈开发技能，搭建从理论学习到商业实践的桥梁，使有志于从事网站开发、企业级 CMS 构建的读者能够顺利进入职场，并具备核心竞争力。

本书可作为系统学习的教材，也可作为项目开发的参考手册，通过理论与实践相结合的方式，帮助不同基础的读者实现技术能力的跃升。特别适合那些希望快速掌握 WordPress 开发精髓并应用于实际工作的技术从业者。

图书在版编目（CIP）数据

WordPress入门很轻松 / 聚慕课教育研发中心编著. -- 北京 ： 清华大学出版社，2025. 9.

（入门很轻松）. -- ISBN 978-7-302-69625-4

Ⅰ. TP393.092.2

中国国家版本馆CIP数据核字第2025H4W842号

责任编辑：张　敏
封面设计：郭二鹏
责任校对：胡伟民
责任印制：刘海龙

出版发行：清华大学出版社
　　　网　　　　址：https://www.tup.com.cn，https://www.wqxuetang.com
　　　地　　　　址：北京清华大学学研大厦A座　　邮　　编：100084
　　　社　总　　机：010-83470000　　　　　　　邮　　购：010-62786544
　　　投稿与读者服务：010-62776969，c-service@tup.tsinghua.edu.cn
　　　质　量　反　馈：010-62772015，zhiliang@tup.tsinghua.edu.cn
　　　课　件　下　载：https://www.tup.com.cn，010-83470236
印　装　者：北京同文印刷有限责任公司
经　　销：全国新华书店
开　　本：185mm×260mm　　印　　张：13.5　　字　　数：350千字
版　　次：2025年9月第1版　　印　　次：2025年9月第1次印刷
定　　价：69.80元

产品编号：093892-01

本书说明

在当今数字化时代，拥有一个网站已成为个人展示、企业推广乃至电商运营的必备工具。然而，许多初学者在面对网站建设时，往往会被技术术语和复杂操作吓退。其实，借助WordPress——全球受欢迎的建站系统，即使没有任何编程基础，你也可以轻松搭建出专业、美观的网站。

本书的初衷就是让读者学习 WordPress 变得简单。我们摒弃晦涩的理论，用直观的步骤、实用的技巧，带你从零开始，一步步掌握 WordPress 建站的核心技能。无论你是想创建个人博客、企业官网，还是电商站点，这本书都能让你快速上手，少走弯路！

《WordPress 入门很轻松》不仅是一本技术手册，更是一把开启数字世界大门的钥匙。通过系统学习本书，读者不仅能够掌握 WordPress 建站的各项技能，更能培养出独立解决问题的能力和数字化思维，这些都将成为未来职场竞争中的重要优势。无论你是希望建立个人品牌的大学生、想要拓展线上业务的小微企业主，还是单纯对网站建设感兴趣的爱好者，这本书都将成为你得力的助手。让我们从现在开始，一起踏上这段充满成就感的 WordPress 学习之旅，用简单的方式，打造属于自己的专业网站！

本书内容

第 1 章为 WordPress 基础知识，主要讲解 WordPress 的基本概念、WordPress 如何托管和 WordPress 版本的区别等内容。本章内容可以帮助读者理解其作为全球领先 CMS 的独特优势，为后续建站学习奠定理论基础。

第 2 章为 WordPress 的运行环节，主要讲解如何搭建本地开发环境和线上开发环境，并完成 WordPress 的安装配置。通过对第 2 章内容的学习，读者将会掌握环境部署的核心技能，为后续网站开发和实战项目奠定坚实基础。

第 3、4 章系统讲解 WordPress 后台核心操作与优化策略，涵盖菜单栏和工具栏、内容编辑、主题插件配置等基础知识，以及 SEO、缓存、安全等优化插件的使用技巧。通过这两章的学习，读者能够对后台管理和站点运维有所了解，从入门到精通打造高性能网站。

第 5 ～ 7 章为搭建 WordPress 教育主题网站，这 3 章完整讲解从专业主题选配、LMS 插件安装到课程体系搭建，逐步指导读者完成在线教育平台开发等核心内容。通过对这 3 章的学习，读者对搭建教育主题网站能够有清晰的认识。

第 8 ～ 11 章为搭建 WordPress 外贸站，主要包括主题安装、Elementor 编辑器安装使用、电子商务插件安装、多语言配置、多支付配置等核心功能。学完第 8 ～ 11 章的内容，读者将对搭建外贸站有更深刻的了解和实战经验。

《WordPress 入门很轻松》一书凝聚了作者多年网站开发实战经验，融入了大量真实项目案例和行业最佳实践。全书不仅系统讲解了 WordPress 的核心技术要点，更分享了众多来自一线工作场景的实用技巧和解决方案，具有极强的实战指导价值。通过循序渐进的学习，读者将全面掌握从环境搭建、主题开发到项目实战的完整技能体系，从而培养出符合行业标准的网站建设能力。

本书在内容编排上特别注重理论与实践的结合，每个技术概念都配有直观的操作演示。无论是想要创建个人博客的初学者，还是需要开发企业级网站的专业人士，都能在本书中找到对应的学习路径。我们相信，通过本书的系统学习，读者不仅能获得扎实的 WordPress 技术功底，更能培养出解决实际问题的创新思维，为职业发展奠定坚实的基础。

本书特色

- 系统性：本书从环境搭建到主题插件安装，再到实际应用，完整覆盖建站全生命周期，帮助读者建立系统化学习路径。
- 实用性：本书的实用性特色体现在以真实商业需求为导向，精选典型项目案例，包括教育网站、跨境电商网站，真正实现"学以致用、用以促学"的良性循环。
- 前沿性：本书紧跟 WordPress 的最新动态，融合最新技术趋势与实践。
- 可读性：本书语言流畅，图表丰富，可视化知识呈现，降低了学习门槛。

本书附赠超值王牌资源库

本书附赠了极为丰富超值的王牌资源库，具体内容如下。

（1）王牌资源 1：随赠本书"配套学习与教学"资源库，提升读者的学习效率。

本书配套上机实训指导手册及本书教学 PPT 课件。

（2）王牌资源 2：随赠"职业成长"资源库，突破读者职业规划与发展瓶颈。

- 求职资源库：100 套求职简历模板库、600 套毕业答辩与 80 套学术开题报告 PPT 模板库。
- 面试资源库：程序员面试技巧、200 道求职常见面试（笔试）真题与解析。
- 职业资源库：100 套岗位竞聘模板、程序员职业规划手册、开发经验及技巧集、软件工程师技能手册。

（3）王牌资源 3：随赠"软件开发魔典"资源库，拓展读者学习本书的深度和广度。

- 软件开发文档模板库：10 套 8 大行业项目开发文档模板库。
- 编程水平测试系统：计算机水平测试、编程水平测试、编程逻辑能力测试、编程英语水平测试。
- 软件学习必备工具及电子书资源库：WordPress 常见面试笔试试题解析、WordPress 必备工具手册、WordPress 必备插件手册。

（4）王牌资源 4：AI 图书问学助手。

资源获取途径

关注本书微信公众号"京贯读者服务"或"京贯读者学习"，下载资源或者咨询关于本书的任何问题。读者也可扫描下方二维码获取相关资源。

教师资源

王牌资源 1

王牌资源 2

王牌资源 3

王牌资源 4

本书适合哪些读者阅读

本书非常适合以下人员阅读。

- 个人博主 / 自媒体人：想低成本搭建个人网站，展示作品或分享观点。
- 小微企业主 / 创业者：需要快速建立网站或电商站点，提升品牌形象。
- 职场人士 / 学生：希望掌握一项实用技能，增强竞争力。
- 任何对网站建设感兴趣的人：无须编程经验，轻松入门 WordPress。

创作团队

本书由聚慕课教育研发中心组织编写。在编写过程中，我们虽已竭尽所能地将最好的讲解呈现给读者，但也难免有疏漏之处，敬请广大读者不吝指正。

目录

CONTENTS

第 1 章

WordPress 快速入门

本章概述

在学习 WordPress 之前，需要先了解 WordPress 是什么？在本章中，我们主要学习 WordPress 的基本概念和 WordPress 的托管。读者通过对 WordPress 的基本了解，能够为之后的学习打下坚实的基础。

知识导读

本章要点（已掌握的在方框中打钩）

☐ WordPress 的概念

☐ WordPress 的核心优势

☐ WordPress 的版本介绍

☐ WordPress 托管

☐ WordPress.com 和 WordPress 软件对比

1.1 什么是 WordPress

WordPress 是一款开源、灵活且易用的内容管理系统，其凭借强大的插件、主题生态和全球社区支持，成为构建博客、企业网站及电商平台的首选工具。

1.1.1 WordPress 简介

WordPress 是一个使用 PHP 语言开发的开源内容管理系统（CMS），它支持博客、网站等多种类型的站点建设。

WordPress 具有高度的灵活性和可扩展性，用户可以通过安装、配置不同的主题和插件来定制站点的外观和功能。它拥有一个庞大的用户社区和丰富的资源，包括主题、插件、教程和支持等，这使得 WordPress 成为许多网站开发者和内容创作者的首选平台。

对初学者来说，WordPress 提供了相对友好的界面和易于理解的操作方式，能够帮助他们快速上手并创建自己的站点。同时，WordPress 也支持高级自定义和开发，使得有经验的开发者能够充分利用其强大的功能来构建复杂和高级的网站应用。

此外，WordPress 还具有良好的搜索引擎优化（SEO）性能，有助于站点在搜索引擎中获得更好的排名和曝光度。这使得 WordPress 不仅适用于个人博客和小型企业网站，也适用于大型企业和电子商务网站等多种场景。

1.1.2 WordPress 的核心优势

WordPress 之所以能成为全球流行的 CMS（内容管理系统），主要得益于以下核心优势，如表 1-1 所示。

表 1-1　WordPress 的核心优势

特　　点	说　　明	用 户 受 益
开源免费	完全开放源代码，无授权费用	零成本起步，自由修改
易用性	直观的后台界面，可视化编辑	无须技术背景即可操作
扩展性强	58,000+ 插件，31,000+ 主题	轻松实现各种功能需求
SEO 友好	原生支持 SEO 最佳实践	提升搜索引擎排名
社区支持	全球开发者社区	便于交流

1.1.3 WordPress 版本简介

WordPress 主要分为两个版本：WordPress.com 和 WordPress 软件。虽然它们都基于 WordPress 系统，但在功能、灵活性和使用方式上有显著区别。

WordPress.com 是一个托管平台，由 Automattic 公司运营。用户可以直接在 WordPress.com 上创建和管理网站，无须自行处理服务器和技术维护。

WordPress 软件是 WordPress 的开源版本，由 WordPress.org 提供技术支持。用户可以免费下载并自行安装到自己的服务器上。它提供了完全的控制权和灵活性。

关于两者的对比，会在 1.3.2 节中进行详细介绍。

1.1.4 WordPress 社区

WordPress 不仅仅是一个软件，更是一个充满活力和热情的全球社区。无论你是初学者还是经验丰富的开发者，都能在这个社区中找到帮助、资源和灵感。

1. 官方支持渠道

WordPress 官方论坛（WordPress.org Support Forums）

网址：*https://wordpress.org/support/*

WordPress 文档（WordPress Codex & Developer Resources）

网址：*https://wordpress.org/documentation/*

2. 中文 WordPress 社区

网址：https://zh-cn.forums.wordpress.org/

1.1.5 用户需要花费多少钱

使用 WordPress 建站的成本取决于用户的需求和预算。好消息是，WordPress 本身是免费的，用户可以以极低的成本搭建一个功能齐全的网站。以下是用户需要考虑的一些费用。

（1）域名

这是用户网站的地址，例如：www.yourwebsite.com。

费用：通常每年为 10 ～ 20 美元，具体价格取决于域名注册商和域名后缀（.com，.cn 等）。

（2）网站托管（Web Hosting）

这是存储用户网站文件和数据的地方。

费用：共享主机通常每月 3 ～ 10 美元，VPS 和独立服务器价格更高。

（3）主题（Theme）

设计用户网站的外观和布局。

费用：有大量免费主题可供选择，付费主题价格通常为 30 ～ 100 美元。

（4）插件（Plugin）

为用户的网站添加各种功能，例如联系表单、SEO 优化、安全防护等。

费用：有大量免费插件可供选择，付费插件价格差异较大，从几美元到几百美元不等。

（5）其他费用

网站设计和开发：如果用户没有时间或技术自己搭建网站，可以聘请专业人士，费用根据项目复杂度而定。

内容创作：如果用户需要撰写网站内容，可以自己撰写或聘请专业写手。

维护和更新：定期备份网站、更新主题和插件、安全监控等。

1.2　WordPress 适合谁

在开始 WordPress 之旅之前，明确它适合哪些人群至关重要。这不仅能够帮助你判断 WordPress 是否是你的最佳选择，更能让你在学习过程中有的放矢，事半功倍。

1.2.1　Blogger 是值得考虑的替代品

虽然 WordPress 是构建网站的热门选择，但它并非唯一选项。对于特定用户群体，Blogger 也是一个值得考虑的替代品。

Blogger 是谷歌公司生产的由单个或多个用户发表博文的在线服务站点。Blogger 将简单易用性放到优先位置，Blogger 的操作界面简洁、直观，即使是没有任何技术背景的用户也能快速上手，如图 1-1 所示。

Blogger 是一个简单易用、完全免费的博客平台，适合想要尝试写博客的新手、预算有限的用户以及专注于内容创作的用户。然而，如果你需要更强大的功能、更高的可定制性和对网站的完全控制权，WordPress 仍然是更好的选择。

图 1-1　Blogger 界面

1.2.2 WordPress 用户案例研究 1：新手

1. 人物简介

（1）姓名：小李。

（2）职业：大学生。

（3）背景：没有任何网站建设经验，但对写作和分享生活充满热情。

2. 需求

（1）创建一个个人博客，记录生活点滴、分享学习心得。

（2）博客界面简洁美观，易于维护。

（3）预算有限，希望使用免费或低成本的方式搭建网站。

3. 解决方案

（1）小李选择了 WordPress.com 的免费托管方案，并按照以下步骤搭建了自己的博客。

（2）注册域名和主机：由于选择的是免费托管方案，小李使用了 WordPress.com 提供的二级域名。

（3）选择主题：在 WordPress.com 的主题库中选择了一款简洁美观的免费主题。

（4）安装插件：安装了 Jetpack 插件，用于网站统计、社交分享和安全防护。

（5）撰写内容：开始撰写博客文章，分享自己的生活和学习经历。

4. 成果

（1）小李成功创建了自己的个人博客，并定期更新内容。

（2）博客界面简洁美观，符合小李的预期。

（3）通过 Jetpack 插件，小李可以方便地查看网站统计数据，了解读者来源和兴趣。

5. 经验分享

（1）从简单入手：对于新手来说，建议从 WordPress.com 的免费托管方案开始，逐步学习和掌握 WordPress 的使用技巧。

（2）利用官方资源：WordPress.com 提供了丰富的教程和文档，可以帮助新手快速入门。

（3）加入社区：加入 WordPress 社区论坛或微信群，可以向其他用户学习经验和解决问题。

6. 总结

小李的案例证明了即使是没有任何技术背景的新手，也可以利用 WordPress 轻松创建自己的网站。WordPress 简单易用、主题和插件资源丰富，以及活跃的社区支持，使其成为新手搭建网站的理想选择。

1.2.3 WordPress 用户案例研究 2：商业博客

1. 人物简介

（1）姓名：王女士。

（2）职业：某小型电商公司创始人。

（3）背景：拥有基本的计算机操作技能，但对网站建设了解有限。

2. 需求

（1）创建一个公司官网，展示产品信息、公司动态和联系方式。

（2）网站需要具备良好的用户体验和搜索引擎优化（SEO）功能。

（3）预算有限，希望使用性价比高的方式搭建网站。

3. 解决方案

王女士选择了 WordPress.org 自托管方案，并聘请了一位自由职业的 WordPress 开发者帮助她搭建网站。以下是具体的步骤。

（1）注册域名和主机：王女士选择了一家性价比高的主机服务商，并注册了一个与公司品牌相关的域名。

（2）安装 WordPress：在开发者的帮助下，王女士在主机上安装了 WordPress 软件。

（3）选择主题：选择了一款适合电商公司的付费主题，该主题具有良好的 SEO 功能和响应式设计。

（4）安装插件：安装了 WooCommerce 插件，用于搭建在线商店；安装了 Yoast SEO 插件，用于优化网站搜索引擎排名。

（5）定制开发：根据王女士的需求，开发者对网站进行了定制开发，包括产品展示页面、购物车功能和支付接口集成。

（6）内容创建：王女士撰写了公司介绍、产品描述和博客文章等内容。

4. 成果

（1）王女士成功创建了一个功能完善、用户体验良好的公司官网。

（2）网站上线后，公司的线上销售额显著提升。

（3）通过 Yoast SEO 插件，网站在搜索引擎结果中的排名有所提高，带来了更多的自然流量。

5. 经验分享

（1）明确需求：在开始搭建网站之前，需要明确网站的目标、功能和预算。

（2）选择合适的方案：对于商业网站，建议选择 WordPress.org 自托管方案，以获得更大的灵活性和控制权。

（3）寻求专业帮助：如果预算允许，可以聘请专业的 WordPress 开发者帮助搭建网站，以确保网站的质量和功能。

（4）持续优化：网站上线后，需要持续更新内容、优化 SEO 和进行数据分析，以提升网站的效果。

6. 总结

王女上的案例证明了 WordPress 是搭建商业博客的强大工具。WordPress 的灵活性、丰富的插件资源和强大的社区支持，使其能够满足各种商业需求，帮助企业提升品牌形象、拓展客户群体和增加销售额。

1.3　WordPress 托管选项

选择合适的托管服务是搭建 WordPress 网站重要的一步。本节将介绍转移博客、WordPress.com 和 WordPress 软件并对比它们的优缺点。

1.3.1　转移博客

转移博客是指将你的网站从现有的托管服务商迁移到另一个托管服务商。在 WordPress 的世界，有时候你可能会遇到需要转移博客的情况。这可能是因为你想要更换托管提供商，或者是因为你从 WordPress.com 转移到了自托管的 WordPress 软件上。无论出于何种原因，转移博客都是一个需要谨慎处理的过程，以确保你的内容、设置和读者群体能够顺利迁移。

在转移博客前，下面几项工作必不可少。

备份数据：首先，也是最重要的一步，就是备份你的博客数据。这包括文章、页面、评论、媒体文件以及数据库。你可以使用 WordPress 的导出工具，或者托管提供商提供的备份功能来完成这一步。

检查域名和 DNS 设置：确保你的域名和 DNS 设置是正确的，特别是如果你打算将域名一起转移的话。

了解新托管环境：熟悉你将要迁移到的新托管环境，包括其支持的 WordPress 版本、PHP 版本、数据库类型等。

转移博客的具体步骤可能因托管提供商和转移方式的不同而有所差异，但一般包括以下几个关键步骤。

（1）在新托管环境中安装 WordPress：如果你是在自托管环境下进行迁移，那么首先需要在新的服务器上安装 WordPress。

（2）导出和导入内容：使用 WordPress 的导出工具导出你的博客内容，然后在新环境中使用导入工具将其导入。

（3）迁移媒体文件：将你的媒体文件（如图片、视频等）从旧服务器上传到新服务器。这可以通过 FTP、SFTP 或者托管提供商提供的文件管理工具来完成。

（4）转移数据库：如果你打算保留原有的评论、用户数据等，那么需要将数据库从旧服务器迁移到新服务器。这通常涉及导出数据库文件、在新服务器上创建数据库并导入数据库文件的过程。

（5）更新配置：在新环境中更新 WordPress 的配置文件（如 wp-config.php），以确保其能够正确连接新的数据库和服务器环境。

（6）测试并调整：在迁移完成后，务必仔细测试你的博客，确保一切功能正常。如果发现任何问题，要及时进行调整和修复。

注意：在转移过程中，尽量保持博客的在线状态，以避免给访问者带来不便。如果可能的话，可选择在访问量较低的时段进行迁移，以减少对访问者的影响。迁移完成后，记得更新你的域名和 DNS 设置，以确保访问者能够顺利访问新的博客地址。

1.3.2　WordPress.com 和 WordPress 软件对比

WordPress.com 是一个由 Automattic 公司运营的托管平台，提供免费的博客托管服务。

优点：

- 简单易用：无须安装软件，注册账号即可开始使用。
- 免费使用：提供免费的域名和托管服务。
- 安全性高：由 Automattic 公司负责维护和安全更新。

缺点：

- 功能有限：免费版本功能受限，例如，无法安装插件、使用自定义主题等。
- 可定制性低：网站外观和功能受到限制，难以打造独一无二的网站。
- 广告展示：免费版本会在网站上展示广告。

而 WordPress 软件是一个开源的内容管理系统，你可以下载并安装到自己的服务器上。

优点：
- 功能强大：可以安装任何你需要的插件和主题，功能不受限制。
- 可定制性高：你可以完全控制网站的外观和功能，打造独一无二的网站。
- 无广告干扰：你的网站上不会展示任何广告。

缺点：
- 技术要求高：需要一定的技术知识来安装和维护网站。
- 成本较高：需要购买域名和托管服务，并可能需要支付插件和主题的费用。
- 安全风险：你需要自己负责网站的安全维护和更新。

选择 WordPress.com 还是选择 WordPress 软件，取决于你的需求和技术水平。表 1-2 是两者的详细对比。

表 1-2　WordPress.com 和 WordPress 软件对比

特　　性	WordPress.com	WordPress 软件
托管方式	托管平台	自托管
易用性	简单易用，无须安装和维护	需要一定的技术知识来安装和维护
成本	免费（有限功能），付费套餐提供更多功能	需要购买域名和托管服务，可能需要支付插件和主题的费用
功能	功能有限，免费版本无法安装插件和使用自定义主题	功能强大，可安装任何插件和主题，功能不受限制
可定制性	可定制性低，网站外观和功能受到限制	可定制性高，可以完全控制网站的外观和功能
广告	免费版本会在网站上展示广告	无广告
安全性	由 Automattic 公司负责维护和安全更新	需要自己负责网站的安全维护和更新
适用人群	新手博主、个人博客、预算有限的用户	需要更强大功能、更高可定制性和对网站完全控制的用户

注意：如果你不确定哪种方式适合你，可以先从 WordPress.com 开始，等到需求增加后再进一步迁移到 WordPress 软件。

第 **2** 章

WordPress 运行环节

本章概述

在使用 WordPress 建站之前，需要先了解 WordPress 网站部署所需的运行环境。在本章中，我们主要学习本地开发环境和线上开发环境的搭建与配置要点。通过学习，帮助开发者实现从开发到上线的完整工作流程。

知识导读

本章要点（已掌握的在方框中打钩）
- ☐ 本地开发环境的概念
- ☐ 本地开发环境的搭建与配置
- ☐ 服务器的概念与分类
- ☐ 网络运行环境的搭建

2.1 本地开发环境

本地开发环境是开发过程中不可或缺的一部分，它为开发人员提供了一个高效、安全、可控的开发和测试平台。

2.1.1 本地开发环境概念

本地开发环境是指在本地计算机上模拟一个服务器环境，用于开发和测试 Web 应用程序。这个环境通常包括 Web 服务器（如 Apache 或 Nginx）、PHP 解析器和 MySQL 数据库等组件，允许开发人员在没有网络连接的情况下进行网站的开发和测试工作。

在本地开发环境中，开发人员可以自由地安装和配置所需的软件和服务，而不会影响生产环境或实际运行的网站。这种环境为开发人员提供了一个安全、可控的测试和开发平台，使他们能够在不影响用户的情况下，对网站进行新功能开发、插件测试和主题修改等操作。

大多数人的计算机系统是 Windows 系统，所以要找一个能在 Windows 系统下使用的本地开发环境集成软件包。本地开发环境集成软件包推荐使用 phpStudy。

phpStudy 是一款专为本地开发设计的 PHP 环境集成包，它集成了 Apache、Nginx、PHP、MySQL 等多种开发所需的组件，用户只需进行简单的安装，即可快速搭建起一个完整的本地开发环境，无须进行烦琐的配置工作。这里简单介绍 phpStudy。

2.1.2　搭建本地运行环境

打开 phpStudy 官网（https://xp.cn/phpstudy），如图 2-1 所示。

图 2-1　phpStudy 官方网站

将软件包下载后，解压出其中的 phpstudy_x64_8.1.1.3 文件，放到个人计算机的桌面上。然后双击此文件，软件默认安装位置为 C:\phpstudy_pro。在这里，我们将它安装在 E 盘，安装位置为 E:\phpstudy_pro，然后单击"立即安装"按钮开始安装。安装完成后，单击"安装完成"，软件会自动打开主界面，如图 2-2 所示。

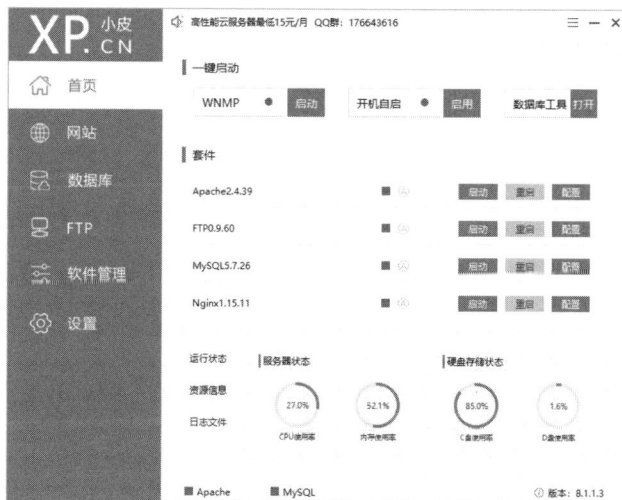

图 2-2　phpStudy 主界面

2.1.3　配置并使用本地开发环境

在 phpStudy 主界面，单击"启动"按钮，启动 Apache 和 MySQL 服务，如图 2-3 所示。

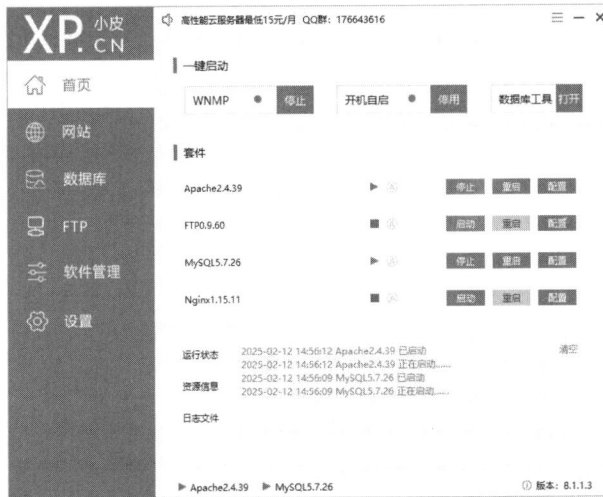

图 2-3 启动 Apache 和 MySQL 服务

接下来，在 phpStudy 中的软件管理中找到 phpMyAdmin，并进行安装，安装完成之后单击"管理"，即可进入 phpMyAdmin 的登录界面。输入默认用户名 root，密码 root，单击"执行"按钮登录 phpMyAdmin，如图 2-4 所示。

图 2-4 phpMyAdmin 登录界面

成功登录 phpMyAdmin 后，单击"新建"按钮，创建一个新的数据库，这里我们命名为"wordpress_db"，单击"创建"即可，如图 2-5 所示。

图 2-5 创建数据库

　　以上步骤操作完成后，一个适合 WordPress 运行的本地安装环境就基本搭建完成。接下来，开始下载和安装 WordPress。

　　打开浏览器，访问 WordPress 官网（https://wordpress.org/download/），单击"Download WordPress6.7.2"，下载最新的 WordPress 安装包。然后将下载的 WordPress 安装包解压到 phpStudy 的网站根目录（路径为 E:\phpstudy_pro\WWW）中，如图 2-6 所示。

图 2-6　将 WordPress 解压到相关文件夹

　　接着访问 WordPress 的安装界面，在浏览器中输入 http://localhost/wordpress，选择好语言后，会自动跳转到其数据库信息配置界面，如图 2-7 所示。

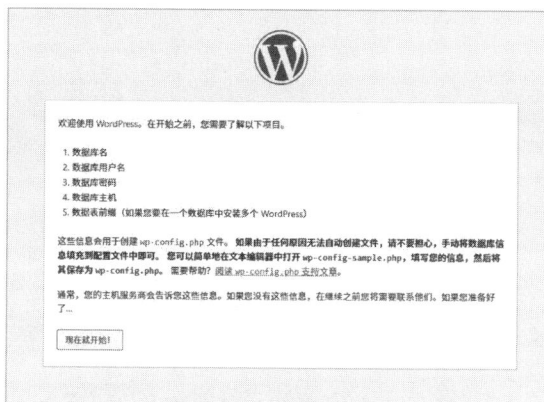

图 2-7　WordPress 的数据库信息配置界面

　　单击"现在就开始！"按钮，跳转到配置文件页面，在安装页面填写数据库名称 wordpress_db（phpMyAdmin 中创建的数据库名称）、用户名 root、密码 root、数据库主机 localhost、表前缀 wp_，如图 2-8 所示。

图 2-8　WordPress 的数据库信息配置

输入完成之后，单击"提交"按钮，WordPress 会检查数据库连接。等待几秒之后，会出现成功的提示页面，单击页面上的"运行安装程序"，就可以进入了欢迎界面，如图 2-9 所示。

填写网站标题、管理员用户名、密码和邮箱地址后，单击"安装 WordPress"，完成安装。安装完成后使用管理员用户名和密码登录 WordPress 后台，如图 2-10 所示。

图 2-9　WordPress 安装的欢迎界面

图 2-10　WordPress 后台登录界面

单击"登录"按钮后，将成功登录 WordPress 站点的后台，如图 2-11 所示。

图 2-11　WordPress 站点管理后台

2.2　线上开发环境

线上开发环境是指基于互联网服务器搭建的 WordPress 开发和测试平台，与本地环境相对。在线上环境中，WordPress 可以充分利用服务器的资源，如处理器、内存和存储，来提供快速、可靠的网站服务。

2.2.1　服务器的概念

服务器是一种专门的计算机系统，旨在用于提供服务、资源或数据给其他计算机（或客户端）通过网络请求。它在计算机网络中扮演着至关重要的角色，通过接收和处理来自客户端的请求，向其提供所需的服务。

从硬件层面来说，服务器通常采用高性能的硬件配置，包括更多的处理器、内存、硬盘等组件，以提供更好的计算和存储能力。它们往往具有更高的稳定性和可靠性，能够24小时不间断地运行。此外，服务器通常还具备一些特殊的功能，如多重电源供应、冗余存储和热备份等，以确保数据的安全和可用性。

从软件层面来说，服务器所运行的操作系统和应用软件通常经过专门设计和优化，以提供更稳定、安全、高效的服务。常见的服务器操作系统包括 Windows Server、Linux 和 UNIX 等，而服务器软件则包括 Web 服务器（如 Apache 和 Nginx）、数据库服务器（如 MySQL 和 Oracle）等。这些软件和系统的选择取决于网站的需求、技术架构以及管理员的偏好。

服务器可以提供各种不同的服务，根据其功能和用途可以分为多种类型，如 Web 服务器、邮件服务器、文件服务器、数据库服务器等。每种类型的服务器都有其特定的应用场景和优势。例如，Web 服务器用于存储和提供网站的文件和数据，邮件服务器用于发送、接收、存储和转发电子邮件，而数据库服务器则专门用于存储和管理数据库。

在 WordPress 的部署和运行中，服务器扮演着至关重要的角色。WordPress 可以在多种服务器上运行，包括 Apache、Nginx、LiteSpeed 等 Web 服务器。

作为现代互联网架构的基石，服务器是支撑各类网络应用和服务不可或缺的关键组件。对于 WordPress 这样的内容管理系统（CMS）而言，服务器的选择与配置直接影响网站的性能、安全性和可扩展性。

2.2.2　服务器的分类

WordPress 常用的服务器类型包括云虚拟主机、云服务器和物理服务器。以下是这三种服务器类型的详细介绍。

1. 云虚拟主机

云虚拟主机是在云服务器上通过虚拟化技术划分出的一部分资源，专门用于网站托管。它通常包含必要的网站托管功能，如域名绑定、网站发布、数据库管理等。云虚拟主机具有资源共享的特点，多个用户共享同一台物理服务器的资源，因此成本较低，且易于管理。然而，由于资源和功能受到限制，云虚拟主机可能不适合需要高性能或大量资源的应用。图2-12所示为云虚拟主机的使用价格。

2. 云服务器

云服务器是一种基于云计算技术的虚拟服务器，它运行在共享的物理服务器上，但通过虚拟化技术隔离，每个云服务器实例都是独立的。云服务器具有资源虚拟化、按需分配的特点，用户可以根据需求快速调整 CPU、内存、存储等资源。此外，云服务器还提供了迅速部署、灵活调整成本、维护和管理简便等优势。对于 WordPress 网站来说，云服务器可以提供高性能、高可用性和可扩展性，适应业务变化的需求。图2-13所示为云服务器的使用价格。在活动期间，云服务器的价格还可以更便宜。

| 产品定价 |

独享云虚拟主机

增强版（中国内地机房） 增强版（其他位置机房） 普通版（中国内地机房） 普通版（其他位置机房）

机房	产品名称	网页空间(GB)	数据库(MB)	CPU(核)	内存(GB)	峰值带宽(Mbps)	高速流盘(GB)	年价(元)	月价(元)
・北京机房 ・杭州机房 ・深圳机房 ・青岛机房 ・成都机房 ・上海机房	独享基础增强版	5	500	1	1	5	200	588	49
	独享标准增强版	20	1024	1	1	10	500	900	75
	独享高级增强版	50	1024	1	2	15	1000	1380	115
	独享豪华增强版	100	1024	2	4	20	1500	2760	230

共享云虚拟主机

机房	产品名称	网页空间(GB)	数据库(MB)	高速流量(GB)	1年价(元)	2年价(元)	3年价(元)
北京机房	共享虚拟主机经济版	2	200	30	298	596	894
・北京机房 ・杭州机房 ・深圳机房 ・青岛机房 ・成都机房 ・上海机房	共享虚拟主机经济增强版	2	500	40	298	596	894

图 2-12　云虚拟主机的使用价格

图 2-13　云服务器的使用价格

3. 物理服务器

物理服务器是实实在在的硬件设备，拥有独立的硬件系统，包括处理器、内存、存储等。物理服务器具有性能强大、稳定性高的特点，可以满足大规模、高性能的应用需求。对于需要高可靠性和稳定性的 WordPress 网站来说，物理服务器是一个不错的选择。然而，物理服务器的成本较高，包括购置、维护和升级硬件的费用。此外，物理服务器的扩展性相对较差，需要手动添加或替换硬件，可能会涉及系统停机。WordPress 物理服务器的价格一般在几千元到几万元不等。具体价格取决于多个因素，包括服务器的规格、性能、品牌、配置等。

在本书中，我们选择主要以阿里云云服务器作为讲述对象。

2.2.3　购买服务器

登录阿里云官网（https://www.aliyun.com/），进入阿里云主页面，单击控制台进入阿里云控制台首页，如图 2-14 所示。

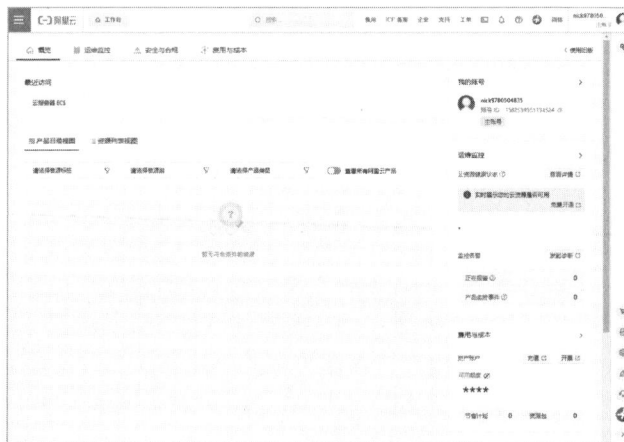

图 2-14　阿里云控制台

单击搜索"云服务器 ESC"进入云服务器的基本介绍，在这里你可以选择合适的云服务器进行购买，在这里我们选择第一个购买，如图 2-15 所示。

图 2-15　云服务器 ESC

单击"立即购买"按钮后，跳转到自定义购买页面。选择"付款类型"，包括包年包月、按量付费和抢占式实例，如图 2-16 所示。

图 2-16　选择付费类型

包年包月：是一种先付费后使用的计费方式，用户需要按月或按年购买及续费。适合长时间使用云服务器的场景，如 7×24 小时的 Web 服务、数据库服务等，因为这些场景可以预估资源使用周期，具有较稳定的业务场景。通过包年包月，用户可以提前预留资源，并享受更大的价格优惠，有助于节省支出。

按量付费：是一种先使用后付费的计费方式，按实际开通时长以小时为单位进行收费。适合短期使用云服务器的情况，如业务波动或爆发、资源使用有临时性和突发性、无法进行准预测的场景，如临时扩展、测试、电商抢购等。按量付费允许用户按需开通和释放资源，无须提前购买大量资源，成本比自建 IDC 机房降低 30% ～ 80%。需要注意的是，按量付费类型的云服务器不支持备案服务。

抢占式实例：相对于按量付费实例价格有一定的折扣，价格随供求波动，按实际使用时长进行收费，也是后付费模式。用户需要支付每小时的实例最高价，当用户的出价高于当前市场成交价时，用户的实例就会运行。阿里云会根据供需资源或市场成交价的变化释放用户的抢占式实例。抢占式实例适合无状态的应用，因为实例有可能被自动释放，数据不可恢复。所以，有状态应用如数据库，不要使用抢占式实例。同样地，抢占式实例也不支持备案服务。

选择合适的"地域"，如图 2-17 所示，这里要注意实例创建之后地域将无法更改，不同地域的实例之间内网互不相通；距离实例所在地域越近，对实例访问速度越快。

图 2-17　选择地域

选择合适的"网络及可用区"，如图 2-18 所示。

图 2-18　选择可用区

选择"实例"，阿里云默认选择 I/O 优化实例，这里选择最基本的就可以了，如图 2-19 所示。

图 2-19　选择实例

如果有更高的需求，可以参考选择其他的实例规格，如图 2-20 所示。

规格族	实例规格	vCPU	内存	可鲁可用区	架构·分类	参考价格
经济型 e 荐	ecs.e-c1m1.large	2 vCPU	2 GiB	66个可用区	X86 计算-共享型	￥45.34/月
经济型 e 荐	ecs.e-c1m2.large	2 vCPU	4 GiB	66个可用区	X86 计算-共享型	￥108.0/月
经济型 e 荐	ecs.e-c1m4.large	2 vCPU	8 GiB	66个可用区	X86 计算-共享型	￥162.0/月
通用型 g7 荐	ecs.g7.xlarge	4 vCPU	16 GiB	44个可用区	X86 计算-通用型	￥502.32/月
计算型 c7 荐	ecs.c7.3xlarge	12 vCPU	24 GiB	44个可用区	X86 计算-计算型	￥1174.17/月
经济型 e	ecs.e-c1m2.xlarge	4 vCPU	8 GiB	66个可用区	X86 计算-共享型	￥216.0/月
经济型 e	ecs.e-c1m4.xlarge	4 vCPU	16 GiB	66个可用区	X86 计算-共享型	￥324.0/月
经济型 e	ecs.e-c1m2.2xlarge	8 vCPU	16 GiB	66个可用区	X86 计算-共享型	￥432.0/月
经济型 e	ecs.e-c1m4.2xlarge	8 vCPU	32 GiB	66个可用区	X86 计算-共享型	￥648.0/月
通用型 g7	ecs.g7.large	2 vCPU	8 GiB	44个可用区	X86 计算-通用型	￥251.16/月

图 2-20　阿里云其他规格实例

选择"镜像"，镜像即操作系统，镜像包括公共镜像、自定义镜像、共享镜像、云市场镜像和社区镜像。一般情况下，在公共镜像选择合适的操作系统即可。这里我们选择 CentOS 的最新版本，并默认选择免费安全加固，如图 2-21 所示。

图 2-21　选择镜像

选择"存储"，即服务器硬盘大小，阿里云默认为 40GB，用户也可以自主添加数据盘，这里我们不做添加，选择阿里云默认的 40GB 的系统盘即可，如图 2-22 所示。

图 2-22　选择存储

选择"公网带宽"，在这里，带宽计费模式分为两种：按固定带宽和按使用流量。按固定带宽，是指按照实际的带宽值进行收费，阿里云免费提供最高 5Gbps 的恶意流量攻击防护，带宽值越大收费越贵。而按使用流量付费是采用先用后付的方式，费用分为两部分，一部分是服

务器的配置费用，另一部分是按实际产生的网络流量进行收费。在这里，选择按固定带宽，带
宽值设为阿里云默认的 1Gbps 即可，如图 2-23 所示。

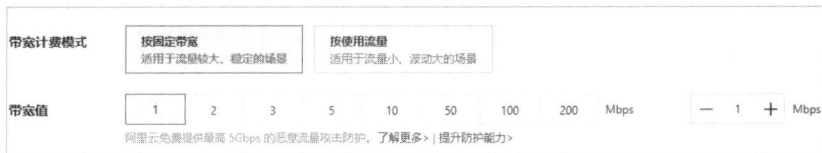

图 2-23　选择带宽

选择"登录凭证"，有三种方式选择：密钥对、自定义密码和创建后设置。这里选择自定
义密码的方式，登录名选择 root，登录密码根据官方建议自行设置，如图 2-24 所示。

图 2-24　选择登录凭证

选择"购买实例数量""购买时长"和是否选择"自动续费"，这里根据需求自行选择，
如图 2-25 所示。

图 2-25　选择实例数量、购买时长

确定好"配置概要"，阅读并同意云服务 ESC 专属条款，最后再支付就可以了，如
图 2-26 所示。

图 2-26　购买服务器

2.2.4　远程控制 Linux 服务器

远程控制 Linux 服务器是为了实现高效管理、资源共享以及适应实际工作场景的需求，特别是在服务器托管或购买云主机的情况下，远程控制成为管理 Linux 系统的必要手段。

下面介绍 Windows 下使用 Xshell 远程控制服务器的操作方法。

Xshell 是一款功能强大且安全的终端模拟软件，主要用于连接和管理远程服务器或网络设备。在 Windows 界面下，用户可以通过 Xshell 访问远端不同系统下的服务器，如 Linux、UNIX 等，从而实现对远程服务器的命令行操作和控制。

首先，在 Xshell 官网（https://www.xshellcn.com/）下载安装文件到本地计算机，这里下载到 E 盘。需要注意的是 Xshell 对教育用户免费，用户可以通过国内其他渠道下载安装。在 E 盘双击"Xshell 应用程序"进入软件主界面，如图 2-27、图 2-28 所示。

图 2-27　将安装文件下载到 E 盘

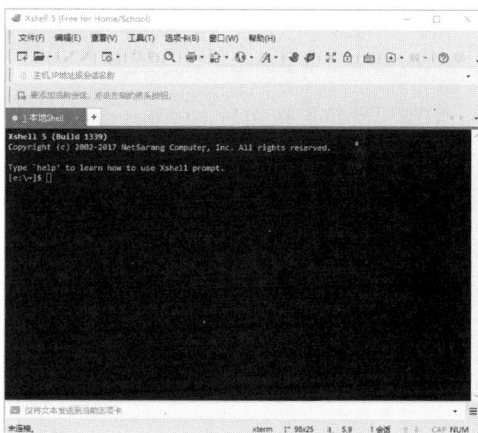

图 2-28　软件主界面

进入 Xshell 软件主界面后，单击左上角的"文件—新建"或按 Alt+N 组合键，打开新建会话界面。在"名称"处输入想要的名称，如"first session"；"协议"默认选择 SSH 协议；在阿里云的云服务器管理后台，将购买的服务器公网 IP 地址填入"主机"输入框内；"端口号"默认为 22；"说明"为了方便管理可以填入适当信息，也可以选择不填；最后勾选"重新连接"和"TCP 选项"。上述信息填好之后，单击"确认"按钮，如图 2-29 所示。

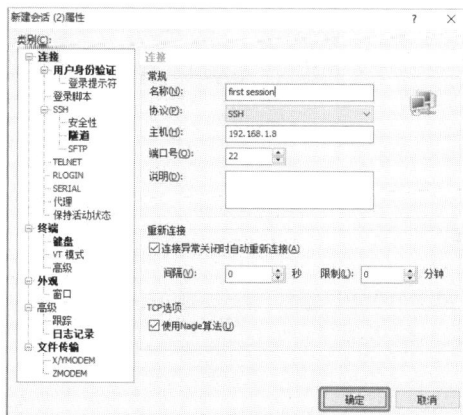

图 2-29　新建会话页面

单击"确认"按钮后，选择会话对话框中的服务器，单击"连接"按钮，开始连接服务器，如图 2-30 所示。

单击"连接"后，弹出一个 SSH 用户名对话框，填入用户在远程服务器上设置的用于身份验证的用户名 root，勾选"记住用户名"复选框，单击"确定"按钮，如图 2-31 所示。

图 2-30　连接服务器

图 2-31　输入 SSH 用户名

单击"确定"按钮后，弹出一个 SSH 用户身份验证对话框，在 Password 处填入用户在远程服务器上设置的用于身份验证的密码，单击"确定"按钮，就可以进入服务器了，如图 2-32 所示。

连接服务器后，输入 pwd 命令，可以查看目录所在的位置；输入 ls 命令，查看当前目录下的文件和文件夹，如图 2-33 所示。

图 2-32　输入 SSH 用户身份验证

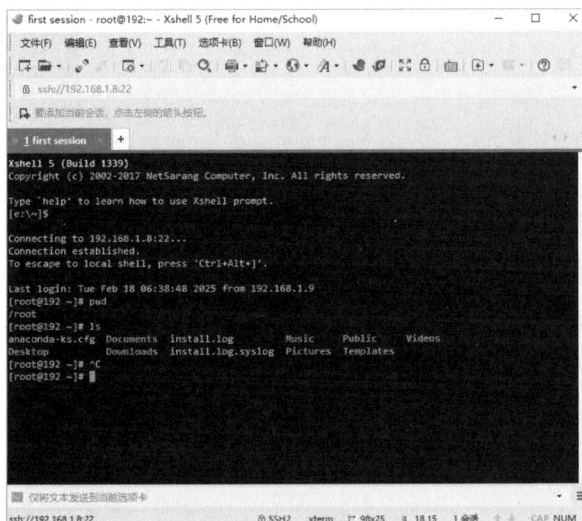

图 2-33　输入命令

2.2.5　创建网站运行环境

Xshell 连接服务器后，创建 WordPress 运行环境通常包括安装 Web 服务器（如 Apache 或 Nginx）、数据库服务器（如 MySQL 或 MariaDB）和 PHP。

有关于 WordPress 的网站运行环境的有 LAMP、LEMP 和 LAEMP 三种。

LAMP：全称是 Linux+Apache+MySQL+PHP。这是一种经典的网站服务器架构组合，广泛应用于各种网站和 Web 应用中。Linux 为操作系统，Apache 为 Web 服务器，MySQL 为数据库，PHP 为服务器端脚本语言，四者结合提供了强大的网站开发和部署能力。

LEMP：LEMP 是 LAMP 架构的一个变种，其中 E 代表 Nginx 而不是 Apache。全称是 Linux+Nginx+MySQL+PHP（或 Perl、Python）。Nginx 作为高性能的 Web 服务器，在某些场景下比 Apache 更具优势，因此 LEMP 架构也逐渐流行起来。它同样提供了完整的网站开发和部署环境。

LAEMP 结合了两者的优点，这里选择 LAEMP 环境。

接下来使用 OneinStack 一款开源的安装工具，OneinStack 是一款集成了多种 Web 服务器、数据库、PHP 环境等的一键安装包工具。它能够帮助用户快速搭建 LNMP、LAMP 等多种开发环境，并支持一键安装和配置这些环境。

进入 OneinStack 官网（https://oneinstack.com/），查看安装指导。

在 xshell 软件中输入 CentOS/Redhat 下的命令：

```
yum -y install wget screen #for CentOS/Redhat
```

或者输入 Debian/Ubuntu 的命令：

```
apt -get -y install wget screen #for Debian/Ubuntu
```

接下来输入命令下载安装包：

```
wget http://mirrors.oneinstack.com/oneinstack-full.tar.gz   #包含源码，国内外均可下载
```

然后输入命令解压源码压缩包：

```
tar xzf oneinstack-full.tar.gz
```

接下来输入命令：

```
cd oneinstack #如果需要修改目录（安装、数据存储、Nginx 目录），请修改 options.conf 文件
```

然后输入命令（一般情况下可以省略）：

```
screen -S oneinstack #如果网络出现中断，可以执行命令 'screen -R oneinstack' 重新连接安装窗口
```

最后输入命令：

```
./install.sh
```

上面指令完成后，进入安装程序。

（1）首先系统询问是否更改 SSH 端口号，建议默认 22；然后会询问是否开启 firewall，这里可以选择开启，也可以之后再开启，如图 2-34 所示。

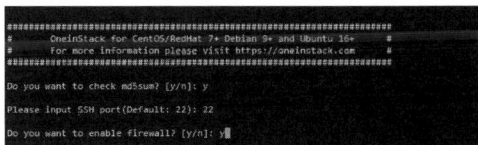

图 2-34　是否修改端口号和开启 firewall

（2）接着系统会询问是否安装 Web 服务，这里选择安装，会出现 5 种选项：安装 Nginx、安装 Tengine、安装 OpenResty、安装 Caddy 和不安装。在这里，Tengine 是 Nginx 的增强版，OpenResty 是 Nginx 的集成软件平台、Caddy 是一个相对较新的 Web 服务器，这里可以自由选

择安装，如图 2-35 所示。

（3）安装 Apache：会有两种模式供选择，用户根据需求自行选择。

（4）选择 Apache MPM：用户可以根据需求自行选择。下面系统询问安装 Tomcat 服务，这里选择不安装，如图 2-36 所示。

图 2-35　选择 Web 服务

图 2-36　是否安装 Apache

（5）安装数据库：这里提供了 14 种选项，它们的本质是相同的，用户可以根据需求选择；接着输入数据库超级管理员的密码并保存，密码至少包含 5 个字符。

（6）数据库的安装方式：二进制包和源代码包。一般来说，选择二进制包安装即可，如图 2-37 所示。

图 2-37　是否安装数据库

（7）安装 PHP：这里选择安装，会看到 13 个选项，用户可以根据需要自行选择。

（8）安装代码缓存组件：这里选择安装，安装选择第一个选项，官方建议选择 zend Opcache。

（9）安装 PHP 扩展：PHP 扩展有需求才安装，越少安装扩展消耗资源越少，如果当前没有安装的组件，之后可重复执行 ./install.sh 进行安装，在输入 PHP 扩展序号时，多个以空格隔开，如图 2-38 所示。

```
Do you want to install PHP? [y/n]: y

Please select a version of the PHP:
        1. Install php-5.3
        2. Install php-5.4
        3. Install php-5.5
        4. Install php-5.6
        5. Install php-7.0
        6. Install php-7.1
        7. Install php-7.2
        8. Install php-7.3
        9. Install php-7.4
        10. Install php-8.0
        11. Install php-8.1
        12. Install php-8.2
        13. Install php-8.3
Please input a number:(Default 7 press Enter) 9

Do you want to install opcode cache of the PHP? [y/n]: y
Please select a opcode cache of the PHP:
        1. Install Zend OPcache
        2. Install APCU
Please input a number:(Default 1 press Enter) 1

Please select PHP extensions:
        0. Do not install
        1. Install zendguardloader(PHP<=5.6)
        2. Install ioncube
        3. Install sourceguardian(PHP<=7.2)
        4. Install imagick
        5. Install gmagick
        6. Install fileinfo
        7. Install imap
        8. Install ldap
        9. Install phalcon(PHP>=5.5)
        10. Install yaf(PHP>=7.0)
        11. Install redis
        12. Install memcached
        13. Install memcache
        14. Install mongodb
        15. Install swoole
        16. Install xdebug(PHP>=5.5)
Please input numbers:(Default '4 11 12' press Enter) 4 6 11
```

图 2-38　是否安装 PHP

（10）安装其他组件，如图 2-39 所示。

（11）上述选项选择完成后，就可以启动安装程序了，这个过程比较慢，需要耐心等待。如图 2-40 所示。出现此界面，说明网站运行环境已经配置完成，可将这些信息妥善保存。

```
Do you want to install Nodejs? [y/n]: y

Do you want to install Pure-FTPd? [y/n]: y

Do you want to install phpMyAdmin? [y/n]: y

Do you want to install redis-server? [y/n]: y

Do you want to install memcached-server? [y/n]: y
```

图 2-39　是否安装其他组件

```
###################Congratulations#####################
Total OneinStack Install Time: 17 minutes

Nginx install dir:                /usr/local/nginx

Apache install dir:               /usr/local/apache

PHP install dir:                  /usr/local/php
Opcache Control Panel URL:        http://192.168.1.100/ocp.php

Pure-FTPd install dir:            /usr/local/pureftpd
Create FTP virtual script:        ./pureftpd_vhost.sh

phpMyAdmin dir:                   /data/wwwroot/default/phpMyAdmin
phpMyAdmin Control Panel URL:     http://192.168.1.100/phpMyAdmin

redis install dir:                /usr/local/redis

Index URL:                        http://192.168.1.100/
```

图 2-40　安装成功

（12）系统询问是否重启系统，使当前的配置生效。如果选择否，就要去服务器管理界面进行重启操作。

第 **3** 章

WordPress 后台管理详情

📖 **本章概述**

　　WordPress 后台管理是网站管理员和编辑人员操作和控制网站的核心区域。它提供了丰富的功能和工具，可以帮助用户轻松管理内容、设置网站参数、安装插件、自定义主题等。在本章中，我们主要学习 WordPress 后台详细的使用方法，对 WordPress 后台详情的学习，能够为读者运营 WordPress 站点打下基础。

📖 **知识导读**

　　本章要点（已掌握的在方框中打钩）
☐ 菜单栏和工具栏
☐ 写文章
☐ 页面
☐ 外观
☐ 插件

3.1 菜单栏和工具栏

　　在 WordPress 后台管理中，菜单栏和工具栏是用户进行网站管理和内容创作的重要工具。它们提供了快速访问各种功能和设置的入口，能够帮助用户高效地完成网站管理工作。

3.1.1 菜单栏

　　WordPress 的后台首页概览界面，如图 3-1 所示。

　　菜单栏位于 WordPress 后台的左侧，通常以垂直列表的形式呈现。它包含了所有核心管理功能的入口，是用户进行网站管理的主要导航工具。

　　左侧的菜单栏包含 10 个设置管理菜单：仪表盘（首页）、文章、媒体、页面、评论、外观、插件、用户、工具、设置。在设置栏下方，有一个名为"收起菜单"的单选按钮，单击后，左侧菜单栏文字消失，显示相关图标。在之后的小节，我们会对这些管理菜单进行详细介绍。

图 3-1 WordPress 的后台首页概览

3.1.2 工具栏

工具栏位于 WordPress 顶部黑色区域，通常以水平条的形式呈现。它提供了一些常用功能的快捷入口，方便用户快速访问。

顶部的工具栏包含 5 个快捷工具：WordPress 图标、查看站点、评论、新建和用户个人资料。

1. WordPress 图标

鼠标移到 WordPress 图标上时，会显示 6 个链接：关于 WordPress、WordPress.org、文档、学习 WordPress、支持、反馈。

（1）单击"关于 WordPress"链接，首先出现版本的"更新内容"，主要包括修复的问题和新增功能的介绍；接着是"鸣谢"，主要包括 WordPress 的开发者团队和外部库；然后是"您的自由"部分，主要包括您使用 WordPress 的权利；在 4.9 版本之后，会出现一个"隐私"部分，主要是关于使用 WordPress 时的隐私政策；最后是"参与"部分，您可以在这里选择参与到 WordPress 团队中。

（2）单击"WordPress.org"链接，其指向 WordPress 的中文官网。

（3）单击"文档"链接，其指向 WordPress 的官方英文文档。

（4）单击"学习 WordPress"链接，其指向学习 WordPrcss 的免费教育资源。

（5）单击"支持"链接，其指向官方中文论坛。

（6）单击"反馈"链接，其指向官方中文论坛的意见建议板块。

2. 查看站点

鼠标移动到"站点名称"后，会出现查看站点名称。单击"查看站点"，跳转到站点首页。

3. 评论

单击"评论"，指向后台评论管理页面，在这里可以对评论进行管理。

4. 新建

鼠标移动到"新建"后，用户可以选择新建文章、媒体、页面和用户。

5. 个人资料

鼠标移动到"个人资料"后，用户可以编辑个人资料和注销操作。

3.2 仪表盘

"仪表盘"是 WordPress 后台管理的核心页面，提供网站概况、最新动态、常用功能快捷入口等信息。

单击菜单栏中的"仪表盘"按钮，会出现两个子菜单，分别是首页和更新，下面介绍如何使用它们。

3.2.1 首页

在 WordPress 后台管理中，仪表盘是用户登录后首先看到的页面，即如图 3-2 所示的中间白色区域部分。

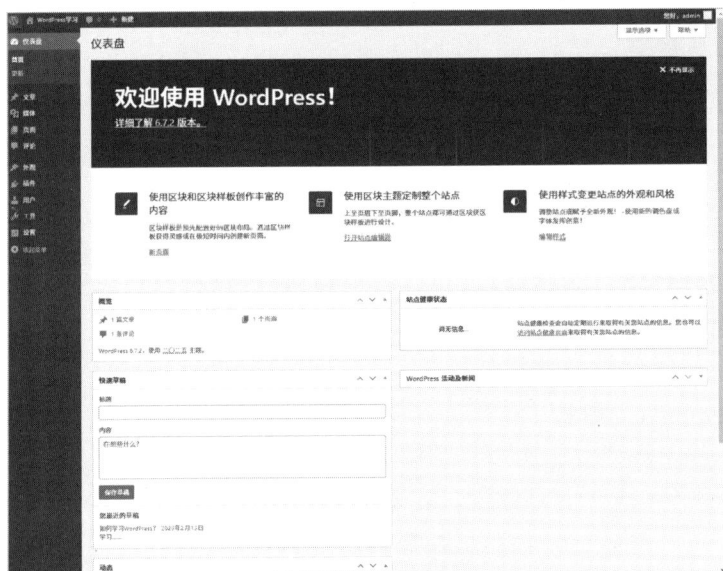

图 3-2　WordPress 仪表盘首页

仪表盘的首页提供了欢迎模块、概览、快速草稿、动态、站点健康状态、WordPress 活动及新闻，是用户管理网站的"控制中心"。

（1）欢迎模块：主要包括配置站点的一些实用功能。

（2）概览：主要包括展示站点的内容概况和使用的版本及主题信息。

（3）快速草稿：可以快速创建新文章并保存为草稿。

（4）动态：可以展示最近发布和近期评论。

（5）站点健康状态：自动定期运行来取得有关站点的信息。

（6）WordPress 活动及新闻：主要展示各个地区关于 WordPress 的活动信息。

注意：如果你想隐藏一些模块，可以单击右上角的"显示选项"，将想要隐藏的模块去掉选中即可。

3.2.2 更新

单击"更新"进入该页面，在这里可以查看 WordPress 的版本、插件、主题和翻译，并进行更新操作，如图 3-3 所示。

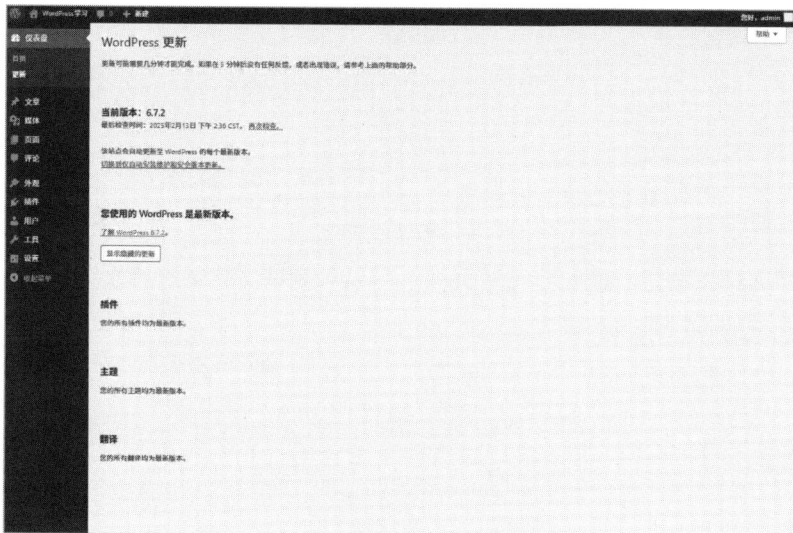

图 3-3　WordPress 仪表盘更新页面

3.3　文章

在 WordPress 后台管理中，文章是网站内容的核心组成部分。通过"文章"菜单，用户可以创建、编辑、管理和发布文章，为网站提供丰富的内容。

单击菜单栏中的"文章"按钮，会出现四个子菜单，包括所有文章、写文章、分类目录和标签。下面详细介绍如何使用它们。

3.3.1　所有文章

单击"所有文章"进入此页面，此时可以看到一篇名为《世界，你好》的系统自带的测试文章。

如果想要删除测试文章，可以使用两种方法，一种是鼠标移动到测试文章上，单击"移至回收站"按钮，将测试文章移动到回收站；另一种是勾选测试文章复选框，单击"批量操作"中的"移至回收站"，也可以将测试文章移动到回收站，如图 3-4 所示。

图 3-4　将测试文章移至回收站

将测试文章移至回收站后，在页面会显示"撤销"按钮，对于误删的文章，可以单击"撤销"按钮进行撤销操作，如图 3-5 所示。

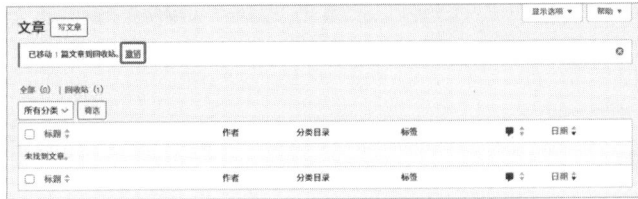

图 3-5　撤销删除

单击"回收站"按钮，进入回收站页面，可以对测试文章进行"永久删除"，或者直接"清空回收站"，如图 3-6 所示。

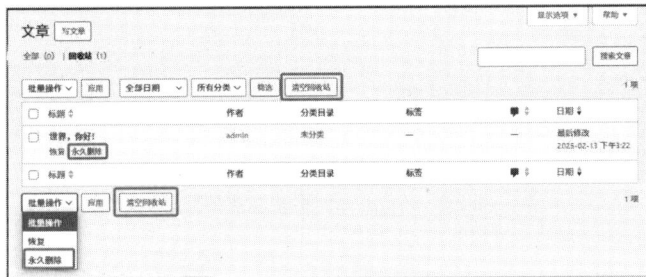

图 3-6　永久删除或清空回收站

单击"写文章"按钮，进入文章写作页面，这里我们发布两篇测试文章，此时，测试文章显示"未分类"，无标签，如图 3-7 所示。

图 3-7　新发布两篇测试文章

此时，可以对这两篇文章进行批量操作，单击"应用"按钮即可进入"批量编辑"管理页面，如图 3-8 和图 3-9 所示。

这里如果不想编辑测试 2 的文章，可以直接取消"测试 2"前的勾选框，即可取消编辑测试 2。接着，将分类目录选择为新增的"测试分类"分类目录，如图 3-10 所示。

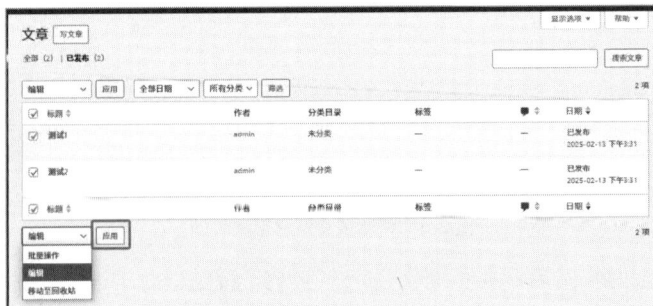

图 3-8　"批量编辑"应用

图 3-9　"批量编辑"页面

图 3-10　选择"分类目录"

接着，在"标签"下的输入框中添加名为"测试标签"的标签；"作者"无须进行更改；"评论"可以选择允许或者不允许；"状态"有四个选项，已发布、私密、等待复审、草稿；接着是文章的"形式"，通常会有标准、日志、音频、聊天、相册、图片、链接、引语、状态、视频十种形式；对于"ping 通告"，选择不允许，以防受到垃圾 ping 通告的攻击；最后"置顶"操作，可以根据需求进行选择，如图 3-11 所示。

设置完成后单击"更新"按钮，就可以更新文章设置了。如果你想对某篇文章进行单独设置，可以单击文章下方的"快速编辑"按钮，如图 3-12 所示。

图 3-11　添加标签并对文章进行设置

图 3-12　更新或快速编辑操作

如果想对所有文章进行筛选或排序操作，可以选择通过日期、分类、标题、评论、关键字进行筛选或排序操作，如图 3-13 所示。

图 3-13　文章筛选或排序操作

注意：如果接下来在后台其他地方，看到字旁边带有黑色小三角，就说明可以对它单击进行筛选或排序操作。

3.3.2 写文章

单击"写文章"按钮可以进入文章撰写页面，在标题框中输入文章标题"WordPress 入门很轻松"，接着在编辑器中单击页面左上方"+"号，选择区块，这里选择段落和图片，如图 3-14 所示。

文章撰写完成后就可以在页面右侧对文章和区块进行设置。区块主要是对样式进行设置，这里我们重点介绍对文章的设置。

首先，在页面右侧可以设置"文章标题""特色图片""添加摘要"及查看文章基本信息，如图 3-15 和图 3-16 所示：

接着，对文章的"状态与可见性"进行设置，例如保存为草稿、待审、私密、已计划和已发布，并且可以选择对文章进行密码保护和设置置顶操作，如图 3-17 所示。

图 3-14　文章撰写页面

图 3-15　设置特色图片、添加摘要功能

图 3-16　为文章设置特色图片、添加摘要

图 3-17　为文章设置状态

然后，对文章的"发布"进行设置，可以任意选择时间发布，如图 3-18 所示。

再对文章的"链接"进行设置，这里不建议使用中文，为了被网页快速收录，通常使用小写英文，这里命名为"wordpress-study"，如图 3-19 所示。

图 3-18　为文章设置发布时间

图 3-19　为文章设置链接

继续设置"讨论"，对于讨论，可以选择开放或关闭，如图 3-20 所示。

接下来是对文章"格式"的设置，选择"标准"格式即可，也可根据需求自行选择，如图 3-21 所示。

图 3-20　为文章设置讨论

图 3-21　为文章设置格式

然后，为文章选择合适的"分类目录"，在这里选择"WordPress 学习"，当然你也可以根据情况新增分类并选择，如图 3-22 所示。

最后是为文章添加"标签"，在这里我们选择"学习 WordPress"，输入之后按 Enter 键即可，如图 3-23 所示。

图 3-22　为文章设置分类目录

图 3-23　为文章设置标签

以上设置完成后，单击页面右上方"发布"按钮，就可以把文章发布到站点上了。发布完成后，页面上方会出现一个"查看文章"的链接，单击"查看文章"就可以查看刚刚发布的文章了。

3.3.3　分类目录

单击"分类目录"按钮，进入分类目录的管理页面，页面左侧是新增分类，右侧是已经创建的分类目录的管理。

如果你想新增分类，在"名称"输入框中输入"第一天学习 WordPress"；在"别名"输入框中输入"first day-wordpress"；将"父级分类"选择为"WordPress 学习"；在"描述"中输入："这是一个第一天学习 WordPress 的分类目录"，此目录则为"WordPress 学习"目录下的细分分类目录。以上设置完成后，单击"新增分类"按钮即可，如图 3-24 所示。

在页面的右侧，可以对已添加的分类目录进行编辑、快速编辑、删除、查看操作，如图 3-25 所示。

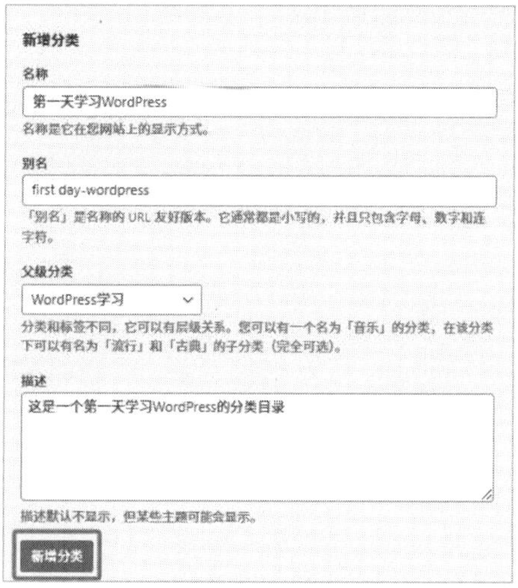

图 3-24　新增分类

图 3-25　"分类目录"可执行操作

如果想对所有分类目录进行筛选或排序操作，可以选择名称、描述、别名、总数及关键字进行筛选或排序操作。

3.3.4　标签

单击"标签"按钮进入标签管理页面，标签的新增和上面的分类目录基本一致，只是标签没有层级关系，它们之间都是相互独立存在的。

在页面中的"别名"中可以看到，别名是名称 URL 友好版本，通常使用小写英文。在之前撰写文章时，已经给文章添加了一个中文标签"第一天学习 WordPress"，在这里将鼠标移到所要编辑的标签上，单击"快速编辑"按钮，将标签的别名更改为小写英文，再单击"更新标签"按钮即可，如图 3-26 所示。

除了对标签进行快速编辑操作之外，还可以对标签进行编辑、删除和查看操作。如果想对标签进行筛选或排序操作，可以选择名称、描述、别名、总数和关键字进行此操作，如图 3-27 所示。

图 3-26　更新标签

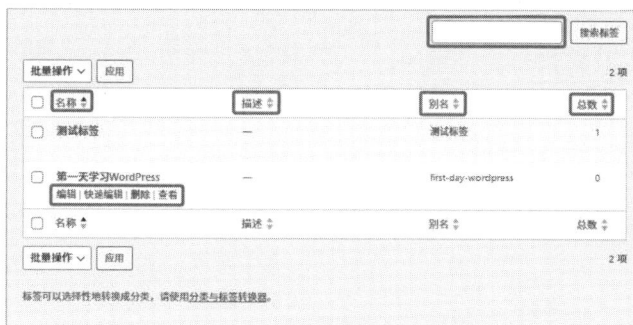

图 3-27　对"标签"的其他操作

3.4　媒体

在 WordPress 网站建设中，"媒体"菜单扮演着至关重要的角色，它如同您的网站素材库，集中管理着所有图片、视频、音频、文档等媒体文件。

单击菜单栏中的"媒体"按钮，会出现两个子菜单：媒体库和添加文件，下面详细介绍它们的使用方法。

3.4.1　媒体库

单击"媒体库"按钮，进入媒体库的管理页面。

媒体库中图片展示方式有两种，一种是默认的网格式，另一种是列表式。单击左上角的"列表图标"和"田字图标"进行更换。单击左上方的"添加文件"按钮，可以直接上传多媒体文件。如果想对多媒体文件进行筛选排序操作，可以选择多媒体项目类型、日期和关键字来进行筛选，如图 3-28 所示。

图 3-28　媒体库管理页面

3.4.2　添加文件

单击"添加文件"按钮，进入添加文件页面。

添加文件非常简单，只需单击"选择文件"按钮，选择想要上传的文件即可，并且它支持一次性上传多个文件，如图 3-29 所示。

图 3-29　上传新媒体文件

3.5　页面

　　"页面"是 WordPress 网站中用于展示静态内容的重要部分，例如，关于我们、联系我们、服务介绍等。与"文章"不同，"页面"通常不包含分类和标签，且更适合展示独立、长期有效的内容。

　　单击菜单栏中的"页面"按钮，会出现两个子菜单，分别是所有页面和新页面，下面对这两个子菜单进行详细介绍。

3.5.1　所有页面

　　单击"所有页面"按钮，在这里可以看到 WordPress 已发布的示例页面，可以对它进行编辑、快速编辑、移至回收站、查看等操作。在页面左上角单击"新页面"就可以发布新页面。如果想对页面进行筛选或排序操作，可以通过标题、评论、日期和关键字方式进行操作，如图 3-30所示。

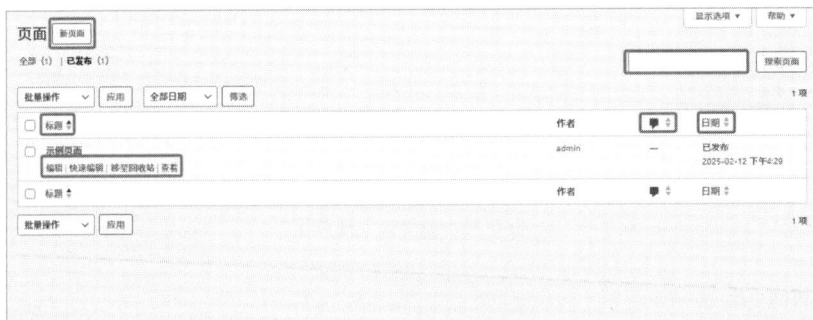

图 3-30　对页面进行操作

3.5.2　新页面

　　单击"新页面"按钮进入创建新页面中，创建新页面的过程和从创建文章如出一辙。唯一的不同是对页面父级的设置，如图 3-31 所示。

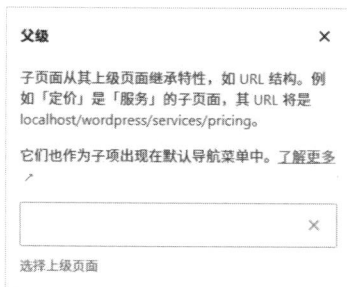

图 3-31　页面父级设置

3.6　评论

"评论"是 WordPress 网站与用户互动的重要功能之一，它允许用户对文章、页面等内容发表自己的看法和意见。通过"评论"菜单，可以方便地管理和回复用户评论，与用户进行互动交流。

单击菜单栏中的"评论"按钮进入评论管理页面，如果对它进行不同的操作，则会有不同的状态：待审、已批准、垃圾、回收站。如果想对评论进行筛选或排序操作，可以通过评论类型、作者、回复至、提交于及关键字进行排序操作，如图 3-32 所示。

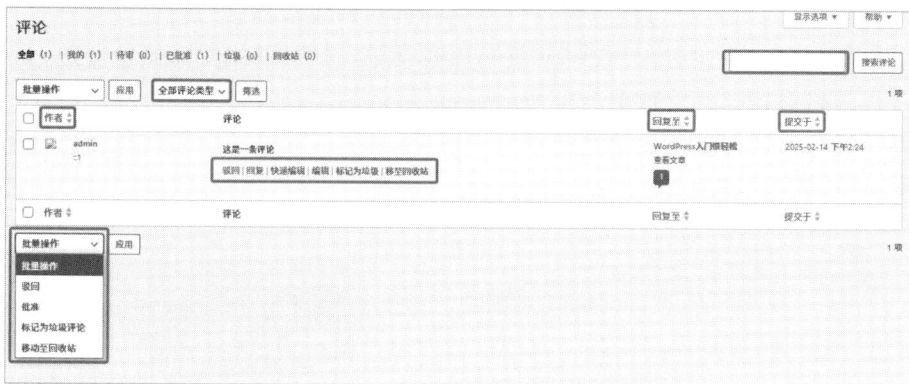

图 3-32　评论管理页面

3.7　外观

"外观"菜单是 WordPress 后台管理中用于控制网站外观和布局的核心部分。通过"外观"菜单，您可以轻松地更换主题、自定义菜单、添加小工具、编辑主题文件等，打造独具特色的网站风格。

单击菜单栏中的"外观"按钮，显示两个子菜单：主题和编辑，下面将对这两个子菜单进行详细介绍。

3.7.1　主题

单击"主题"按钮进入主题管理页面，在这里，会看到已启用的主题和过去已安装的主题。单击左上方的"安装新主题"或者页面中的"＋"号都可以跳转到官方主题市场。在这里，可以根据热门、最新、区块主题、收藏及关键字进行筛选，还可以使用"特性筛选"来选择满足需要的主题。在"特性筛选"页面，可以根据主题、特色、布局进行更精确的筛选，选择后单击"应用筛选条件"按钮即可，如图 3-33 所示。

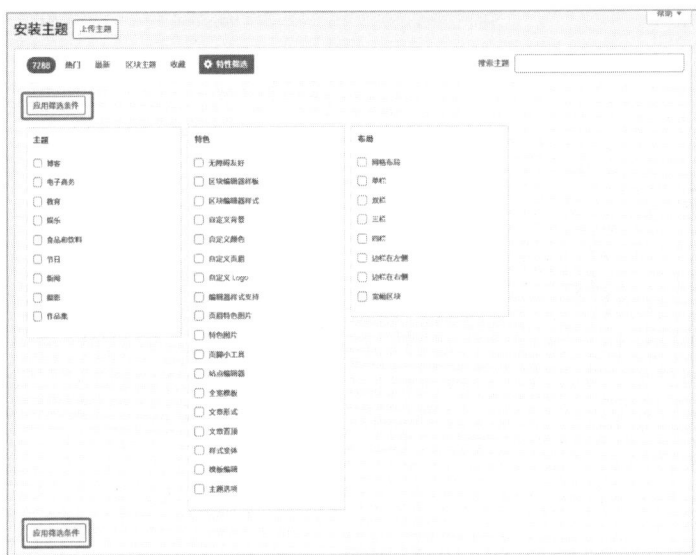

图 3-33　"特性筛选"主题

筛选完成之后，单击主题上的"详情及与预览"或"预览"按钮可以查看效果，如果满足需求单击"安装"按钮即可，如图 3-34 所示。

主题安装完成后，"外观"菜单更改为主题、样板、自定义、小工具、菜单、页眉、背景、主题文件编辑器，可以对主题进行进一步的设置操作，如图 3-35 所示。

图 3-34　预览和安装主题

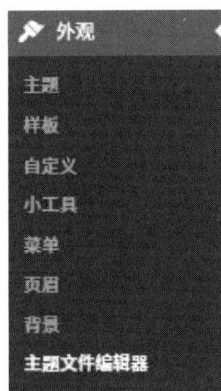

图 3-35　已安装主题操作

3.7.2　编辑

主题安装完成之后，可以使用"主题文件编辑器"进行编辑。

在"主题文件编辑器"页面，可以对主题的 CSS 样式和 PHP 文件等进行编辑，编辑完成后单击"更新文件"按钮即可，如图 3-36 所示。

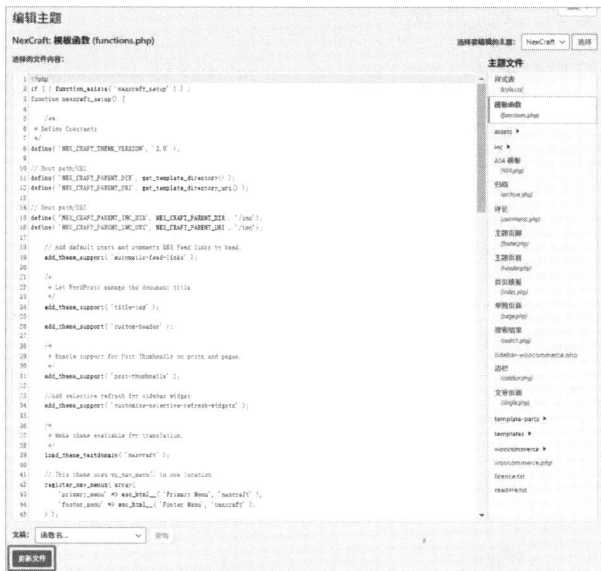

图 3-36　编辑主题的 CSS 和 PHP 文件

3.8　插件

"插件"是 WordPress 生态系统中最强大的功能之一,它允许扩展 WordPress 的核心功能,为网站添加各种新特性和功能,例如联系表单、SEO 优化、电子商务、社交媒体集成等。通过"插件"菜单,可以轻松地安装、激活、停用、删除插件,以管理网站功能。

单击菜单栏中的"插件"按钮,会显示三个子菜单:已安装插件、安装新插件和插件文件编辑器。下面就对这三个子菜单进行详细介绍。

3.8.1　已安装插件

单击"已安装插件"按钮进入插件管理页面。单击左上方的"安装新插件"按钮,跳转到官方插件市场。可以对它进行启用、禁用、更新、删除、启动自动更新和禁用自动更新操作。如果想对插件进行筛选或排序操作,可以通过启用、未启用、自动更新已禁用和关键词进行此操作,如图 3-37 所示。

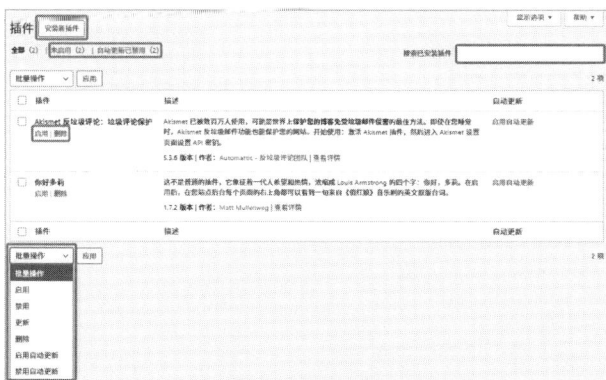

图 3-37　插件管理页面

3.8.2 安装插件

单击"安装新插件"按钮进入官方插件市场。可以单击左上方的"上传插件"按钮以上传插件文件，还可以使用特色、热门、推荐、收藏和关键字、作者、标签，查找满足需求的插件，如图 3-38 所示。

图 3-38 上传插件文件和筛选插件

在官方市场中找到符合需求的插件时后，可以单击插件上的"更多详情"按钮以查看插件的详情信息，在确定好后，单击插件上的"立即安装"按钮来安装插件，如图 3-39 所示。

图 3-39 查看插件详情和安装插件

安装完成后单击"启用"按钮激活插件就可以使用该插件了。

3.8.3 插件文件编辑器

单击"插件文件编辑器"按钮，可以对插件的 PHP 文件等进行编辑，编辑完成后单击"更新文件"按钮即可，如图 3-40 所示。

图 3-40 编辑插件的 PHP 文件

3.9 用户

"用户"菜单是 WordPress 后台管理中用于管理网站用户的核心部分。通过"用户"菜单，可以创建、编辑、删除用户，分配用户角色和权限，管理用户个人资料等。

　　单击菜单栏中的"用户菜单"按钮，会出现三个子菜单，包括所有用户、添加用户和个人资料，下面对这三个子菜单进行详细介绍。

3.9.1　所有用户

　　单击"所有用户"按钮进入用户管理页面。单击左上角的"添加用户"按钮可以进行用户添加操作。在这里，还可以勾选用户复选框，将用户角色变更为订阅者、贡献者、作者、编辑、管理员，选择完成后单击"更改"按钮即可。还可以对用户进行删除和发送密码重置邮件操作，选择完成单击"应用"按钮即可。如果想对用户进行筛选或排序，可以选择通过用户名、邮箱和关键字进行筛选或排序操作，如图 3-41 和图 3-42 所示。

　　如果想对某一用户进行单独操作，单击此用户下方的"编辑"和"查看"按钮进行操作即可，如图 3-43 所示。

图 3-41　添加用户和用户角色变更

图 3-42　用户批量操作和排序操作

图 3-43　编辑和查看用户

3.9.2　添加用户

　　单击"添加用户"按钮进入添加用户页面，按要求将用户名、邮箱、名字、姓氏、网站和语言填写完整，直接使用系统给出的密码或者自己创造一个强度高的密码，选择是否发送用户通知，最后选择角色。所有资料填写完整后，单击"添加用户"按钮，即可添加一个新用户，如图 3-44 所示。

图 3-44　添加新用户

3.9.3　个人资料

单击"个人资料"按钮，可以根据需求对个人资料进行更改，值得一提的是，如果想要上传或更改头像，可以安装"Simple Local Avatars"插件，之后就可以上传或更改头像。个人资料更新完成后单击"更新个人资料"按钮即可，如图 3-45 所示。

图 3-45　更新用户个人资料

3.10　工具

"工具"菜单是 WordPress 后台管理中提供实用功能的部分，它包含了一些辅助工具和选项，能够帮助您更高效地管理和维护网站。通过"工具"菜单，可以导入 / 导出数据、优化数据库、运行站点健康检查等。

单击菜单栏中的"工具"按钮，会出现 6 个子菜单，包括可用工具、导入、导出、站点健康、导出个人数据和抹除个人数据。下面将详细介绍这 6 个子菜单。

3.10.1　可用工具

单击"可用工具"按钮进入工具页面，在该页面中有一个"分类和标签转换器"，它允许用户将分类法中的类别转换为标签，或将标签转换为类别。这在需要重新组织内容时非常有用。单击页面上的"类别和标签转换器"按钮后，会进入"导入"子菜单页面，如图 3-46 所示。

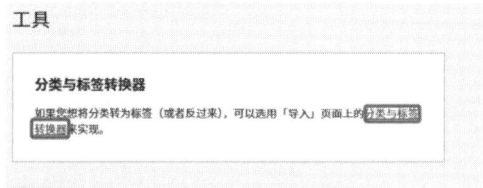

图 3-46　分类和标签转换

3.10.2　导入

单击"导入"按钮进入导入页面，在这里，可以将其他系统的文章和评论导入这个 WordPress 站点，包括 Blogger、LiveJoumal、Movable Type 或 TypePad、RSS、Tumblr、WordPress、分类与标签转换器。用户可以单击各个导入源的"详情"查看信息，选择完成后单击"立即安装"按钮即可。

还可以根据需要单击"搜索插件目录"按钮寻找适用的导入工具，如图 3-47 所示。

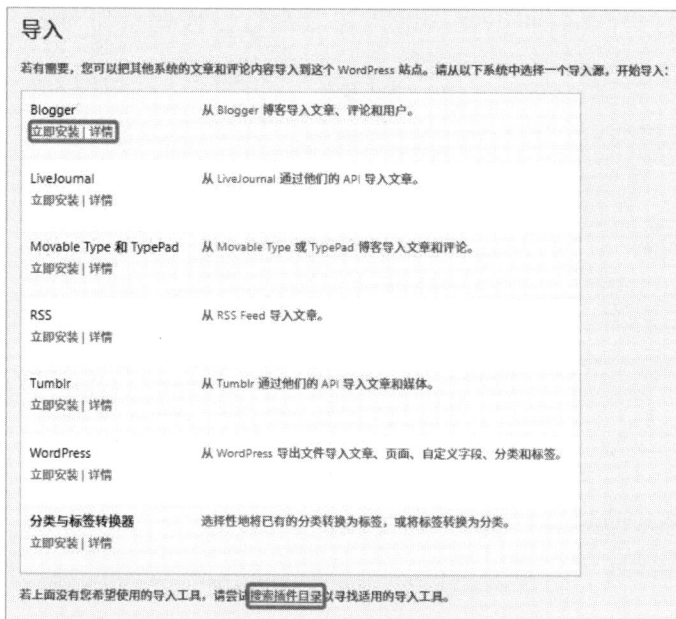

图 3-47　WordPress 导入

3.10.3　导出

单击"导出"按钮进入导出页面，用户可以将网站的内容导出为 XML 文件，方便备份或迁移到其他 WordPress 站点。导出的内容包括文章、页面、评论、自定义字段、分类和标签等。选择好后单击"下载导出的文件"按钮即可，如图 3-48 所示。

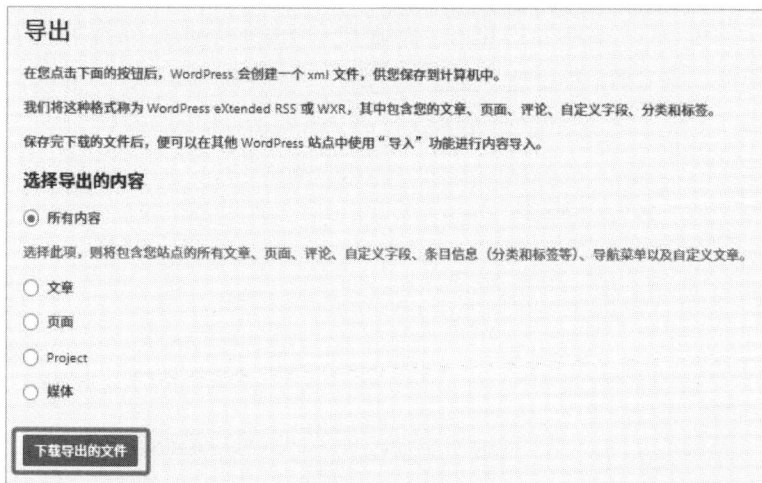

图 3-48　导出文件

注意：定期使用"导出"工具备份网站内容，防止数据丢失。在处理用户数据时，务必遵守相关隐私法规，确保用户数据的安全和隐私。

3.10.4　站点健康

单击"站点健康"按钮进入站点健康页面，其中站点健康工具提供了网站的整体健康状况报告，包括性能、安全性等方面的检查。用户可以根据报告中的建议优化网站，如图 3-49 所示。

图 3-49　站点健康页面

3.10.5　导出个人数据

单击"导出个人数据"按钮可以导出个人数据，根据隐私法规（如 GDPR），用户可以请求导出其个人数据。此工具允许管理员生成包含用户个人数据的文件，供用户下载。输入用户名或邮箱地址后，单击"发送请求"按钮即可导出个人数据，如图 3-50 所示。

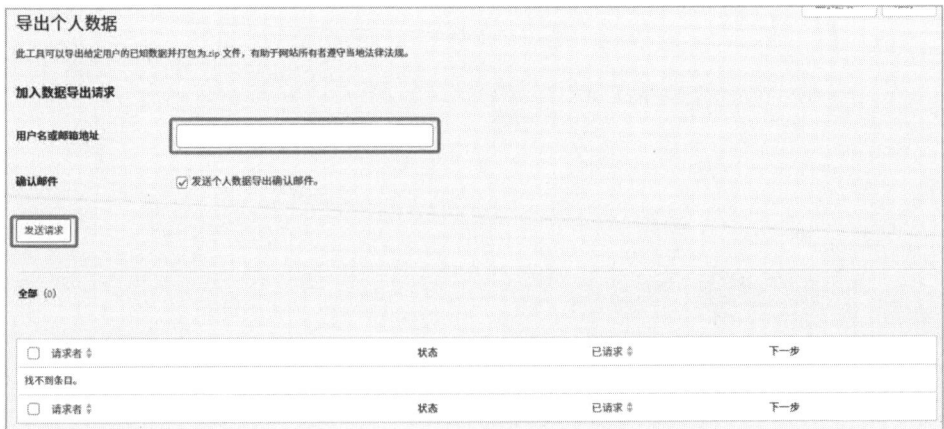

图 3-50　导出个人数据

3.10.6　抹除个人数据

单击"抹除个人数据"按钮进入抹除个人数据页面，同样基于隐私法规，用户可以请求删除其个人数据。此工具允许管理员处理这些请求，确保合规。输入用户名或邮箱地址后，单击"发送请求"按钮即可抹除个人数据，如图 3-51 所示。

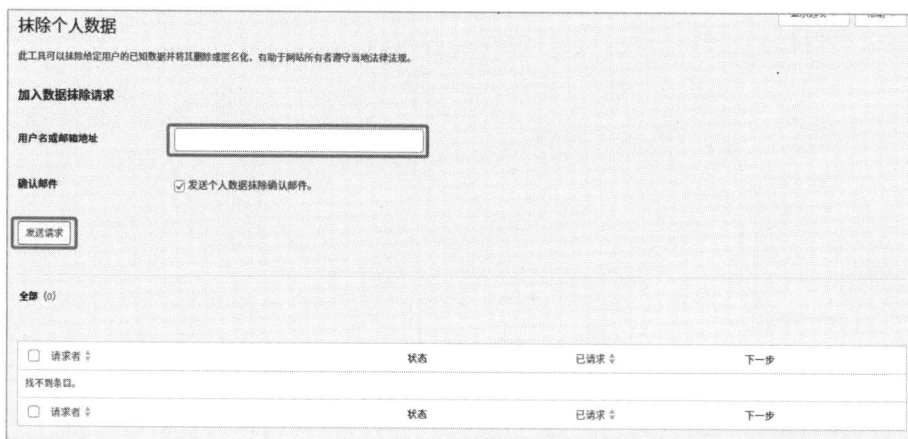

图 3-51　抹除个人数据

3.11　设　置

"设置"菜单是 WordPress 后台管理的核心部分，用于配置网站的基本参数和功能。通过"设置"菜单，用户可以自定义网站的行为、外观和交互方式。

单击菜单栏中的"设置"按钮，会出现 7 个子菜单，包括常规、撰写、阅读、讨论、媒体、固定链接、隐私。下面对这 7 个子菜单进行详细介绍。

3.11.1　常规

单击"常规"按钮进入 WordPress 常规选项管理页面，在这里可以对站点标题、副标题、站点图标、WordPress 地址、站点地址、管理员邮箱地址、成员资格、新用户默认角色、站点语言、时区、日期格式、时间格式、一星期开始于进行设置。下面对这些常规选项进行介绍。

（1）站点标题：设置网站的名称，显示在浏览器标签和搜索引擎结果中。

（2）站点副标题：简短描述网站的主题或用途，通常显示在首页。

（3）站点图标：站点图标（Favicon）是显示在浏览器标签页、书签栏以及地址栏旁边的小图标，用于标识和区分不同网站。

（4）WordPress 地址（URL）和站点地址（URL）：分别设置 WordPress 核心文件的地址和用户访问网站的地址。通常两者相同，但在某些特殊情况下（如使用子目录安装）可能需要分开设置。

（5）管理员邮箱：用于接收网站通知和管理员相关邮件。

（6）成员资格：允许用户注册并成为网站成员。

（7）新用户默认角色：设置新注册用户的默认权限（如订阅者、作者、编辑等）。

（8）站点语言：选择网站的后台和前台显示语言。

（9）时区：设置网站所在的时区，确保时间相关功能（如发布时间）准确。

（10）日期格式和时间格式：自定义日期和时间的显示方式。

（11）一星期开始于：设置日历和周计划从星期几开始。

根据需求对"常规选项"修改后，单击"保存更改"按钮即可完成修改，如图 3-52 所示。

图 3-52　常规设置

3.11.2　撰写

单击"撰写"按钮进入撰写设置管理页面，在这里可以对默认文章分类、默认文章形式、通过邮件发布文章、更新服务等进行设置。

在这里最重要的是配置"通过邮件发布文章"功能，包括配置邮件服务器、登录名、密码，并选择默认邮件发表分类，这样不用登录 WordPress 后台就可以发布文章了。

最后是"更新服务"，在发表新文章时，WordPress 会自动通知站点更新服务。更新服务是一种基于 Ping 机制的协议，当您的网站发布新内容时，WordPress 会自动向这些服务发送通知（即"Ping"），告知内容已更新，从而使内容更快地被搜索引擎和其他平台索引和传播。

常见的更新服务地址如下：

Ping-O-Matic：*http://rpc.pingomatic.com/*（默认服务，覆盖多个搜索引擎和平台）

Google Blog Search：*http://blogsearch.google.com/ping/RPC3*

Baidu Ping：*http://ping.baidu.com/ping/RPC2*

Feedburner：*http://ping.feedburner.com*

注意：如果您是一个小型博客或个人网站，使用默认的 http://rpc.pingomatic.com/ 已经足够。

根据需求对"撰写设置"修改后，单击"保存更改"按钮即可，如图 3-53 所示。

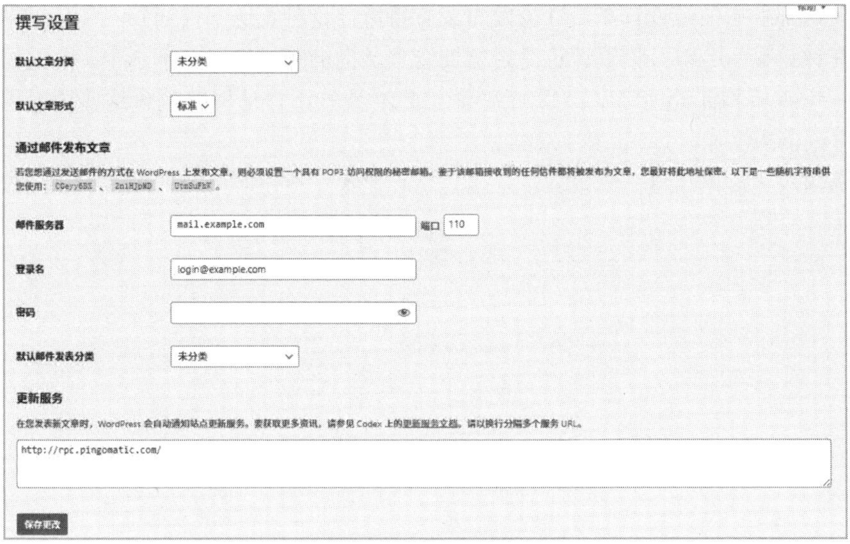

图 3-53　撰写设置

3.11.3　阅读

　　单击"阅读"按钮进入阅读设置的管理页面，包括对主页显示、文章数量、对搜索引擎的可见性选择的设置。一般保持默认设置即可，如图 3-54 所示。

图 3-54　阅读设置

3.11.4　讨论

　　单击"讨论"按钮进入讨论设置的管理页面，包括对默认文章设置、其他评论设置、评论分页、发送邮件通知我、在评论显示之前、评论审核、禁止使用的评论关键字、头像设置等进行设置。大部分保持默认设置即可。

　　（1）默认文章设置：控制是否允许评论、引用通告和 pingback，最好全部取消选中。

　　（2）其他评论设置：配置评论的显示方式、嵌套评论深度等，按照需求选择即可。

（3）发送邮件通知：设置在新评论发布或有待审评论时发送邮件通知，建议取消选中。

（4）在评论显示之前：设置评论是否需要管理员批准等，建议全部选中。

（5）评论审核和评论关键字：添加关键词或 IP 地址，自动屏蔽包含这些内容的评论，在运营时，根据需求添加。

根据需求对"讨论设置"修改后，单击"保存更改"按钮即可，如图 3-55 所示。

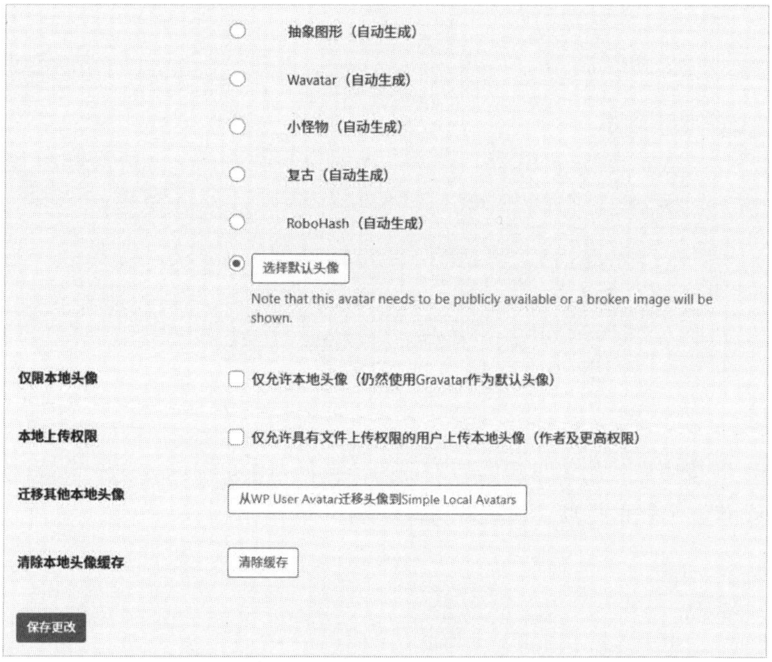

图 3-55　讨论设置

3.11.5　媒体

单击"媒体"按钮进入媒体设置的管理页面，包括对图片大小和文件上传的设置。一般情况下保持默认即可，如果想要节省服务器硬盘空间，可全部设置为"0"，设置完成后单击"保存更改"按钮，如图 3-56 所示。

在 WordPress 中，主题设置的图片格式优先级高于系统的默认设置，所以，有时候即使设置了，也会出现无效的情况。

3.11.6　固定链接

单击"固定链接"按钮进入固定链接设置的管理页面，包括常用设置和分类目录和标签前缀的设置。

1. 常用设置：选择文章的 URL 结构，包括朴素、日期和名称（默认设置）、月份和名称型、数字型、文章名和自定义结构。重点介绍自定义结构，它需要手动设置 URL 结构，使用占位符（如 %postname%）米定义链接格式。

2. 分类目录和标签前缀：自定义分类目录和标签页面的 URL 前缀，一般保持默认即可。

设置完成后，单击"保存更改"按钮即可，如图 3-57 所示。

图 3-56　媒体设置

图 3-57　固定链接设置

3.11.7　隐私

单击"隐私"按钮进入隐私设置管理页面，包括创建新的隐私设置和隐私政策指南两者的设置。

（1）隐私政策页面：创建或选择隐私政策页面，确保网站符合隐私法规（如 GDPR），如图 3-58 所示。

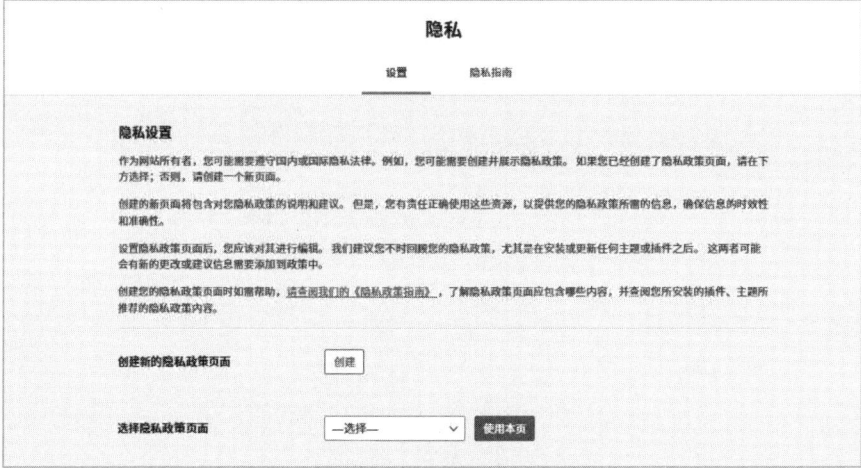

图 3-58　隐私设置

（2）隐私政策指南：提供创建隐私政策页面的模板和建议，如图 3-59 所示。

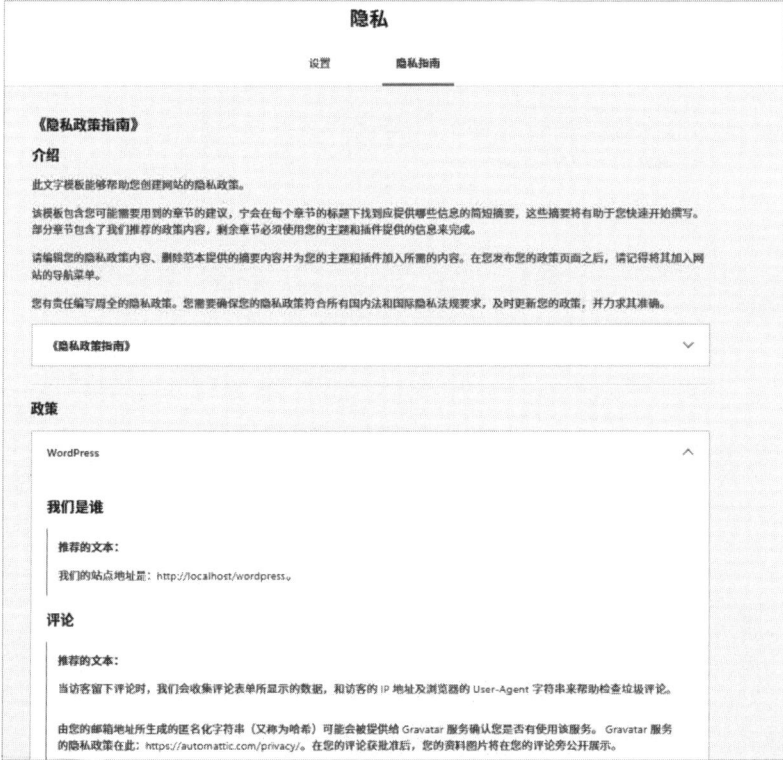

图 3-59　隐私指南设置

第 4 章

WordPress 站点运维

本章概述

WordPress 站点运维主要包括定期备份、更新维护、安全防护、性能优化等多方面。在本章中，我们主要学习使用常用插件维护和运营站点，通过网络优化和搜索引擎优化（SEO），为后面 WordPress 站点的顺利运行打下基础。

知识导读

本章要点（已掌握的在方框中打钩）
☐ 网站优化插件
☐ 搜索引擎优化插件
☐ Yoast SEO 插件

4.1 网站优化加速

WordPress 网站优化加速可以通过多种措施实现，包括使用缓存插件、优化图片、启用 CDN、减少插件使用、优化数据库等。接下来通过几种常用插件介绍如何进行网站优化加速。

4.1.1 使用 Autoptimize 插件压缩网站代码

Autoptimize 是专门用于优化网页代码的插件，可以删除不必要的 HTML、CSS 和 JavaScript 代码，减少文件的大小，并提供内联 CSS 和 JavaScript、延迟加载等高级设置。

通过合并、最小化和压缩 CSS、JavaScript 等文件，减少数据传输量，提高加载速度。支持将样式移动到页面头部，脚本移动到页脚，以优化页面加载顺序。同时，支持缓存站点文件，进一步加速加载过程。

在 WordPress 后台界面单击"插件"菜单中的"安装新插件"子菜单，在搜索框中输入"Autoptimize"，单击"立即安装"按钮，安装完成后单击"启用"按钮，如图 4-1 所示。

在"已安装插件"子菜单中，单击 Autoptimize 插件下的"设置"按钮进入插件的设置页面，包括 JS、CSS 和 HTML 和图片、Critical CSS、额外、优化更多、pro Boosters 的设置，如图 4-2 所示。

图 4-1　安装并启用 Autoptimize 插件

图 4-2　Autoptimize 插件设置页面

（1）首先，对"JavaScript 选项"进行设置，这里只需选中"启用 JavaScript 优化"选项，启用此选项后 Autoptimize 将最小优化网站的 JavaScript 文件；"合并 JS 文件"选项会将网站所有 JavaScript 文件合并为一个文件。建议在启用和禁用此选项的情况下分别测试您的页面速度，再决定是否启用此选项，如图 4-3 所示。

（2）接着，对"CSS 选项"进行设置，在这里选中"启用 CSS 优化"和"合并内联CSS"两个选项，如图 4-4 所示。

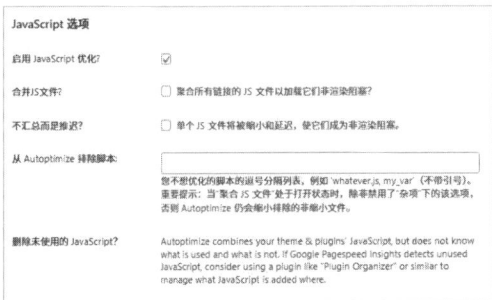

图 4-3　JavaScript 选项设置

图 4-4　CSS 选项设置

"启用 CSS 优化"选项启用后，Autoptimize 将最小优化网站的 CSS 文件。

"合并内联 CSS"选项启用会将内联 CSS 合并到 Autoptimize 的 CSS 文件中，可以减小页面。

"合并 CSS 文件"选项会将网站所有 CSS 文件合并为一个文件；"生成小图片为 Base64

数据"选项将会对小的背景图片进行 Base64 编码并将其嵌入 CSS。建议在启用和禁用这两种选项的情况下分别测试您的页面速度，再决定是否启用这两种选项。

（3）接着是对"HTML 选项"的设置，这里三个选项都可以选中，如图 4-5 所示。

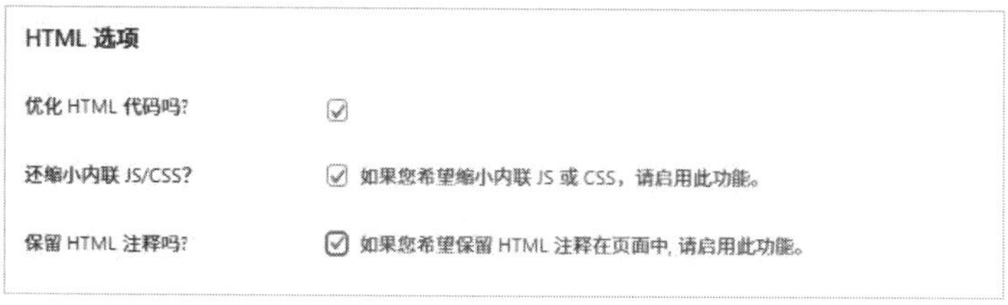

图 4-5　HTML 选项设置

"优化 HTML 代码吗？"选项可以删除 HTML 中不必要的空格来减小页面。

"还缩小内联 JS/CSS ？"选项可以减少内联 JS 和 CSS 文件的大小，提高网页性能和加载速度。

"保留 HTML 注释"选项可以用来说明某段代码的具体含义和内容，为以后修改代码提供方便。

（4）设置完成后，单击"保存更改"按钮即可。

下面是对图片优化选项的设置，Autoptimize 插件集成了 ShortPixel，可进行优化图片。Autoptimize 还提供了图片延迟加载功能，启用此功能可以对存在大量图片页面提高加载速度，如图 4-6 所示。

图 4-6　图片优化选项设置

设置完成后单击"保存更改"按钮即可。

最后是额外的自动优化进行设置，用户可以根据需求自行选择，设置完成后单击"保存更改"按钮即可。

4.1.2　使用 youpzt-optimizer 插件优化站点

youpzt-optimizer 插件是一款用于 WordPress 网站的性能优化工具。它提供了多种系统开关加速功能，旨在提升 WordPress 网站的加载速度和整体性能。

该插件由优品站长开发，专为 WordPress 网站提供多种系统优化开关和数据库垃圾数据清理功能。通过禁用一些不必要的功能，如获取 Gravatar 头像、禁用 Emoji 表情、替换谷歌字体镜像、移除网站头部的 WP 版本信息等，youpzt-optimizer 插件能够减少网站的资源加载，从而提升网站的响应速度。此外，该插件还可以清理数据库中的垃圾数据，进一步优化网站性能。下面详细介绍 youpzt-optimizer 插件。

youpzt-optimizer 插件的下载地址为：https://github.com/fengdou904/youpzt-optimizer，单击"Download ZIP"按钮下载插件压缩包，如图 4-7 所示。

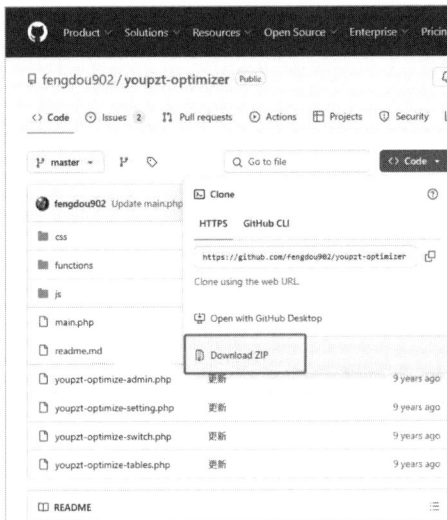

图 4-7　下载 youpzt-optimizer 插件

下载完成后，进入 WordPress 后台界面，单击进入"安装新插件"子菜单，单击左上角的"上传插件"按钮，再单击"选择文件"按钮，上传下载好的插件压缩包，上传后单击"立即安装"按钮，如图 4-8 所示。

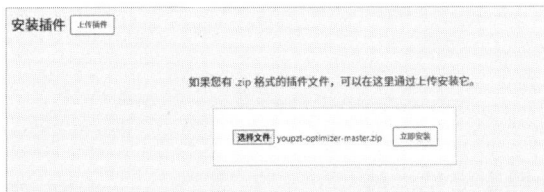

图 4-8　上传插件

插件安装完成后，单击"启用插件"按钮激活插件，如图 4-9 所示。

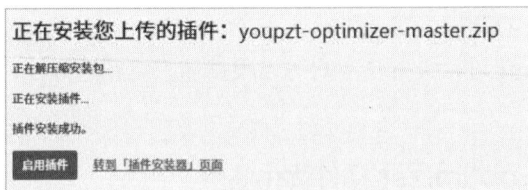

图 4-9　启用插件

启用插件后，单击菜单栏出现的"网站优化工具"按钮，在这里，可以对加速开关、数据库优化和功能设置进行设置。

（1）对"加速开关"进行设置，设置完成后单击"保存选项"按钮即可，如图 4-10 所示。

图 4-10　对"加速开关"设置

（2）对"数据库优化"进行设置，用户可以根据需求选择删除多余数据。

（3）对"功能设置"进行设置，"启用工具栏链接"能够方便使用；"卸载插件同时删除配置数据"可以清除插件卸载后的冗余数据。设置完成后单击"保存选项"按钮即可，如图 4-11 所示。

图 4-11　对"功能设置"设置

4.1.3　使用缓存插件提高网站性能

使用缓存插件可以显著提高网站性能，因为它能够减少服务器负载，加快页面加载速度，从而提升用户体验和搜索引擎排名。

缓存插件通过将网站的部分内容（如静态 HTML 文件、CSS 文件、JavaScript 文件等）存储在服务器上或用户的浏览器中，当用户访问网站时，可以直接提供缓存版本的内容，而无须每次都从服务器重新加载。这就大大减少了服务器处理请求的工作量，缩短了页面加载时间。

下面介绍几种可提高网站性能的常用缓存插件。

1. W3 Total Cache 插件

W3 Total Cache 是一款应用于 WordPress 网站的缓存管理和优化插件。W3 Total Cache 通过利用内容分发网络（CDN）集成和最新的最佳实践等功能，提高网站性能并缩短加载时间。

打开 WordPress 后台管理页面，单击"安装新插件"按钮，搜索"W3 Total Cache"插件，单击"立即安装"按钮，安装完成后单击"启用"按钮，如图 4-12 所示。

在"已安装插件"子菜单中，单击 W3 Total Cache 插件下"Settings"按钮即可进入插件的设置页面，进入设置页面后用户可以查看该插件的使用协议和条款，单击"Accept"按钮，如图 4-13 所示。

图 4-12　安装启用 W3 Total Cache 插件

图 4-13　接受 W3 Total Cache 插件协议

接着，进入 W3 Total Cache 插件的总缓存设置指南，用户可以选择"SKIP"进行自行设置，或者单击"NEXT"按钮进入下一步操作，如图 4-14 所示。

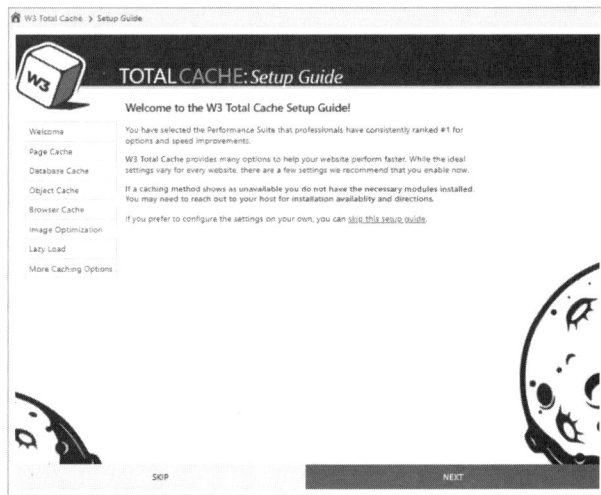

图 4-14　W3 Total Cache 插件设置指南

单击"NEXT"按钮后，可以对页面缓存、数据缓存、对象缓存、浏览器缓存、图片缓存、懒加载图片进行测试，用户查看测试结果，并为您的网站选择最佳结果。每个模块选择完成后都单击"NEXT"按钮。最后一个模块名为"更多缓存选项"，用户可以根据需求进行下一步设置，完成后单击"DASHBOARD"按钮，并进入仪表板界面，如图 4-15、图 4-16 所示。

2. WP Super Cache 插件

WP Super Cache 是一款 WordPress 缓存插件，它可以帮助动态 WordPress 博客生成静态 HTML 文件。当访问者浏览网站时，服务器将直接提供静态的 HTML 文件，而不是每次都通过 PHP 脚本动态生成页面，这样可以显著提高网站的加载速度，并减少服务器的资源消耗。

在 WordPress 后台管理页面，单击"安装新插件"按钮，搜索"WP Super Cache"插件，单击"立即安装"按钮，安装完成后单击"启用"按钮，如图 4-17 所示。

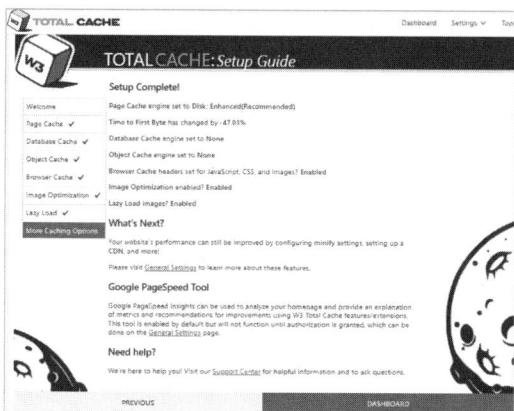

图 4-15　W3 Total Cache 插件设置

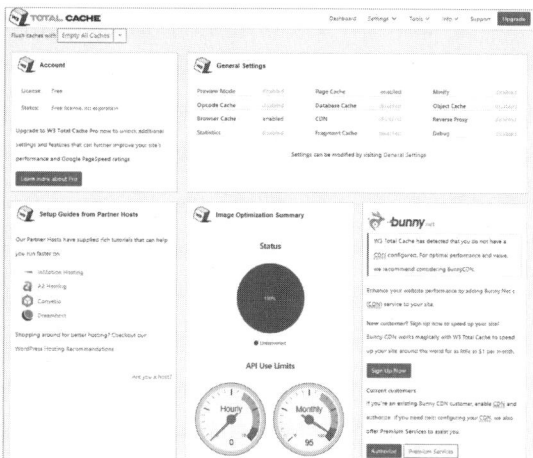

图 4-16　W3 Total Cache 插件仪表板

在"已安装插件"子菜单中，单击 WP Super Cache 插件下"Settings"按钮进入插件的设置页面。对于初学者，建议使用 WP Super Cache 的简单模式，在这种模式下，插件会自动处理大部分配置工作，用户只需启用缓存并测试即可。在插件的通用设置中"启用缓存功能"并单击"更新"按钮，接着单击"缓存测试"中的"测试缓存"按钮。更多配置可在高级及其他选项卡中设置，如图 4-18 所示。

图 4-17　安装并启用 WP Super Cache 插件

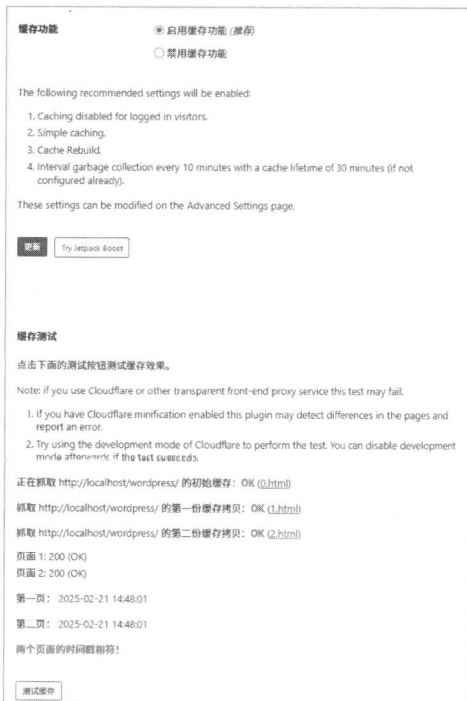

图 4-18　WP Super Cache 插件设置

3. WP Fastest Cache 插件

WP Fastest Cache 是一款旨在加速 WordPress 网站的静态缓存插件。WP Fastest Cache 插件通过生成静态 HTML 文件来提高 WordPress 网站的加载速度，从而降低服务器负载，提升用户体验。这款插件专为优化网站性能设计，在当今对网站速度要求极高的网络环境中显得尤为重要。使用 WP Fastest Cache，用户可以轻松提升 Google PageSpeed 评分和 Core Web Vitals 指标，进而有助于提升网站的搜索引擎排名和整体表现。

在 WordPress 后台管理页面，单击"安装新插件"按钮，搜索"WP Fastest Cache"插件，单击"立即安装"按钮，安装完成后单击"启用"按钮，如图 4-19 所示。

在"已安装插件"子菜单中，单击 WP Fastest Cache 插件下"设置"按钮进入插件的设置页面。插件分为收费功能和免费功能，通常情况下，免费功能即可满足大多数场景需要，在设置选项卡中，推荐进行以下配置。配置完成后单击"Submit"按钮，如图 4-20 所示。

图 4-19　安装并启用 WP Fastest Cache 插件

图 4-20　WP Fastest Cache 插件设置

4.2　搜索引擎优化

搜索引擎优化（SEO）是指通过分析搜索引擎的排名规律，了解各种搜索引擎如何进行搜索、如何抓取互联网页面以及如何确定特定关键词的搜索结果排名的技术。它旨在提高网站在搜索引擎自然排名中的位置，从而吸引更多的用户访问。SEO 优化包括了对网站内容、结构、布局以及技术方面的调整和优化，以提高网站的可见性和排名，进而增加免费的有机流量。

作为全球最流行的网站搭建平台之一，WordPress 的强大的插件系统和用户友好的操作界面，使得 SEO 优化变得更加简便和高效。因此，对于使用 WordPress 搭建的网站来说，进行 SEO 优化是提升网站竞争力和影响力的重要手段。

4.2.1　使用 AMP 插件加速 WordPress 页面

在移动互联网使用量日益增长的今天，用户对于网页加载速度的要求也越来越高，加速 WordPress 页面主要是为了提升用户体验、提高搜索引擎排名、增加页面浏览量以及提高转化率。快速加载的网站能让用户无须长时间等待页面加载，从而更快地获取所需信息。研究发现，如果页面加载时间超过 3s，大量用户会选择离开。因此，加速 WordPress 页面可以显著提升用户的满意度和忠诚度。

AMP，全称是 Accelerated Mobile Pages，即加速移动页面，是一种专门为移动端用户设计的网页技术。它通过优化网页的结构，减少不必要的代码和资源加载，来达到加速网页加载的目的。具体来说，AMP 使用了一套特定的 Web 技术和规范，如优化的 HTML、限制 JavaScript 的使用、异步加载 JavaScript、内联 CSS、预渲染页面内容以及 AMP 缓存等，这些技术共同作用下可以显著提高页面在移动设备上的加载速度。

在 WordPress 后台管理页面，单击"安装新插件"按钮，搜索"AMP"插件，单击"立即安装"按钮，安装完成后单击"启用"按钮，如图 4-21 所示。

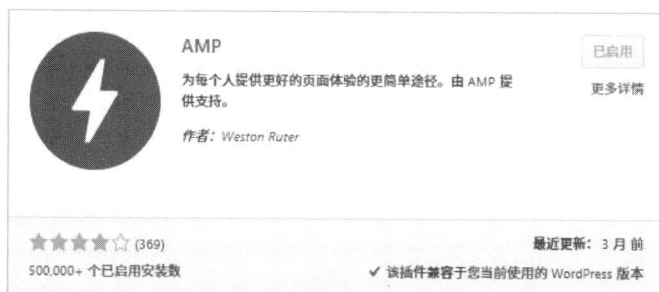

图 4-21　安装并启用 AMP 插件

单击"外观"菜单下的"AMP"按钮，可以进入 AMP 插件的外观管理界面进行操作。插件激活后，您可以通过在帖子 URL 的末尾添加 /amp/ 路径（例如 http://wp.com/post/amp/）或使用 ?amp=1（例如 http://wp.com/post/?amp=1）来查看 AMP 转换后的帖子。

4.2.2　使用 Redirections 将老链接永久重定向到新链接

对于搜索引擎来说，旧的 URL 结构可能已经被索引。如果网站更改了 URL 结构而没有设置重定向，搜索引擎在下次抓取时会显示未找到的页面，这可能会损害搜索排名。通过设置重定向，可以将旧的 URL 重定向到新的 URL，从而确保搜索引擎能够找到新的页面，并继续为网站排名。

在 WordPress 后台管理页面，单击"安装新插件"按钮，搜索"Redirections"插件，单击"立即安装"按钮，安装完成后单击"启用"按钮，如图 4-22 所示。

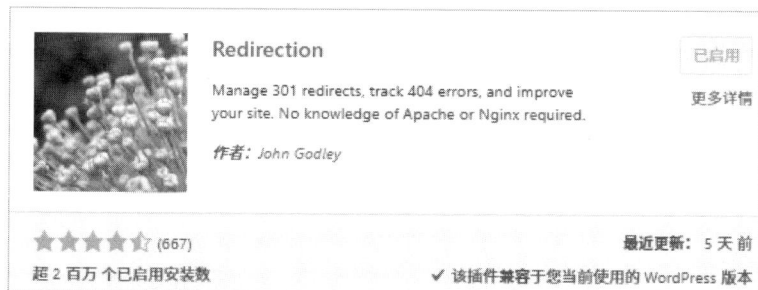

图 4-22　安装并启用 Redirections 插件

在"已安装插件"子菜单中，单击 Redirections 插件下"设置"按钮进入插件的设置页面。在"源 URL"字段中输入你想要重定向的老链接（例如：/old-link/）。在"目标 URL"字段中输入你想要重定向到的新链接（例如：/new-link/）。

4.3　Yoast SEO 插件

Yoast SEO 插件是 WordPress 中使用量第一的 SEO 插件，它能够帮助网站提升在搜索引擎中的表现。

4.3.1　Yoast SEO 插件简介

Yoast SEO 是一款专为 WordPress 设计的搜索引擎优化（SEO）插件，旨在帮助用户优化网站内容，提高搜索引擎排名。它提供了一系列工具，包括关键词优化、内容分析、元标签管理、站点地图生成等，适合新手和高级用户使用。

其主要特性包括文章和页面优化、社交卡片设置等。通过该插件，用户可以轻松地在 WordPress 页面和文章中编写标题和描述标签，并预览在谷歌搜索结果中的展示效果。此外，Yoast SEO 还能向用户展示在 WordPress 控制面板中发现的 SEO 问题，并提供改进建议，使得优化工作更加便捷。该插件能够自动完成许多烦琐的 SEO 设置，如关键字优化、元标签生成、XML 站点地图的创建等。在编写文章时，Yoast SEO 会实时提示 SEO 效果，以颜色（如绿色表示优秀，红色表示需要改进）来直观展示。同时，它还能在用户发布文章时自动添加合适的 Open Graph 元数据，以提升在社交媒体上的分享效果。对于新手用户，Yoast SEO 提供了"新手向导"，使得操作更加简单易懂。

Yoast SEO 插件在 WordPress 插件市场中表现出色，凭借其超过五百万次的安装量和高达 47754 的五星评分，位列搜索结果前列。它提供了免费版、高级版和订阅版三个版本，以满足不同用户的需求。免费版提供了基础的 SEO 设置，而高级版则解锁了更多高级功能，如针对关键字优化网站、有效避免网站中的死链接以及提供内容质量和链接建议等。

4.3.2　Yoast SEO 插件的安装与首次配置

Yoast SEO 插件作为一款功能非常强大的工具，在深入学习它的核心功能前，需要了解如何对 Yoast SEO 插件进行安装与配置，为之后的 SEO 优化之旅打下基础。

1. Yoast SEO 插件的安装

在 WordPress 后台管理页面，单击"安装新插件"按钮，搜索"Yoast SEO"插件，单击"立即安装"按钮，安装完成后单击"启用"按钮，如图 4-23 所示。

图 4-23　安装并启用 Yoast SEO 插件

单击"启用"按钮后，左侧菜单栏出现"Yoast SEO"菜单，单击进入 Yoast SEO 插件的仪表盘页面，如图 4-24 所示。

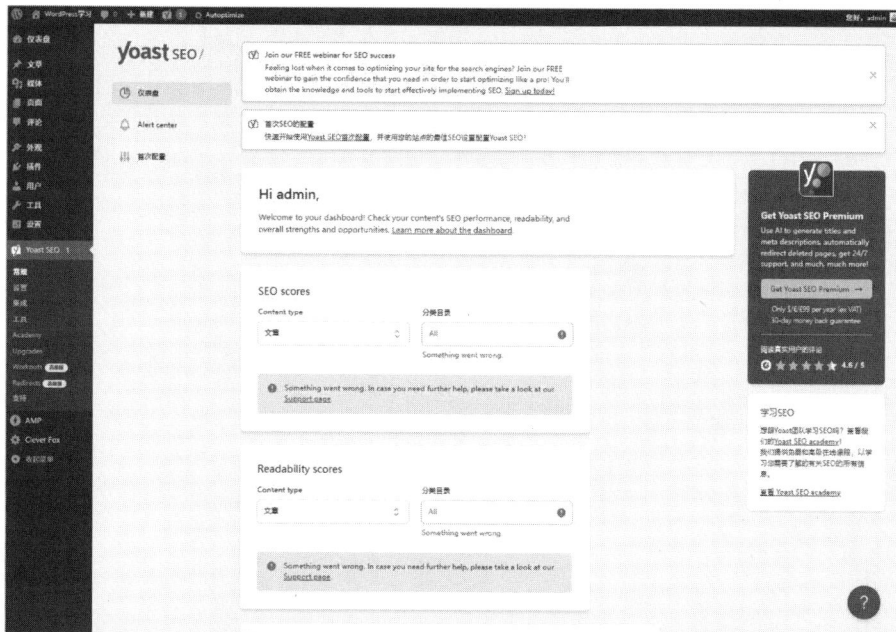

图 4-24　Yoast SEO 仪表盘页面

2. Yoast SEO 插件的首次配置

首先，单击"首次配置"按钮进入 Yoast SEO 插件的首次配置页面，如图 4-25 所示。

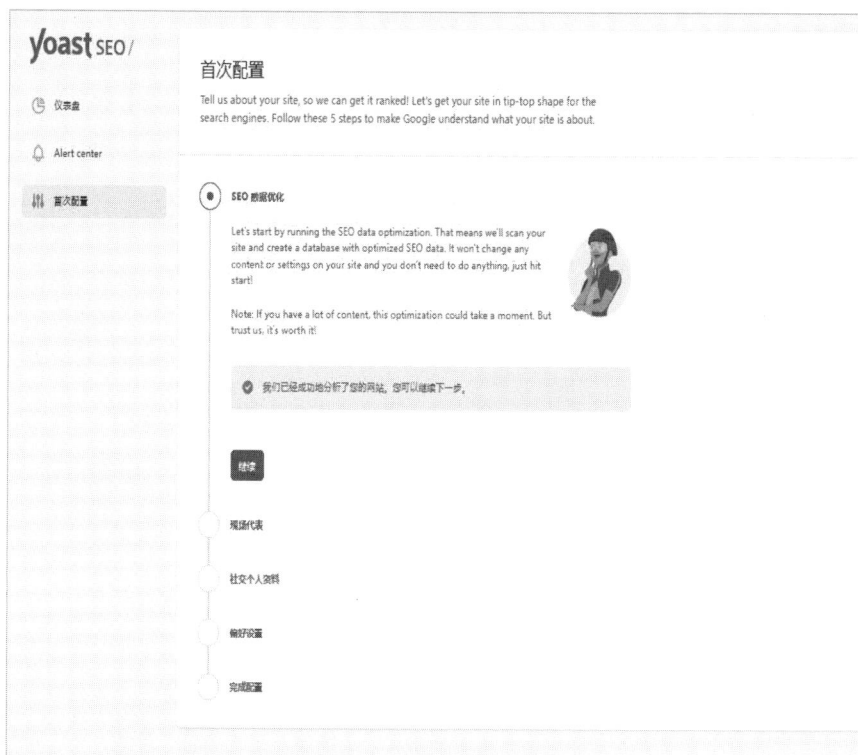

图 4-25　Yoast SEO 首次配置

接着，单击"继续"按钮进入下一步操作，完成对"现场代表"的设置，选择网站类型为组织或个人、站点名称、组织或个人名称、组织或个人头像。设置完成后单击"保存并继续"
按钮，如图 4-26 所示。

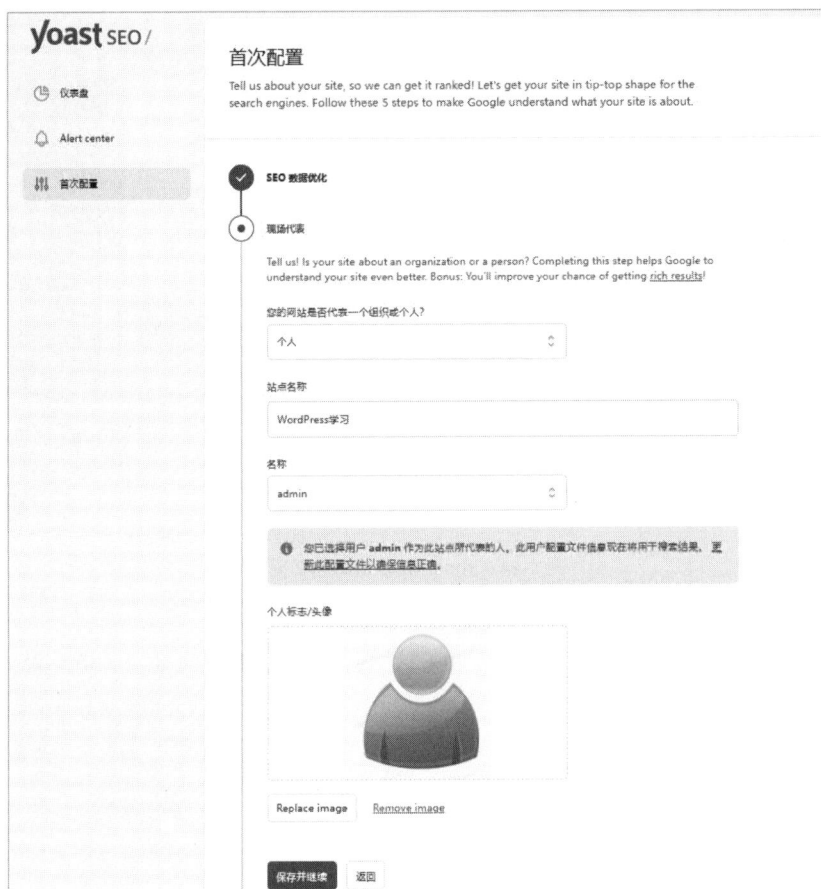

图 4-26　Yoast SEO 现场代表设置

在"社交个人资料"中，用户可以单击下画线链接选择更新用户资料或添加社交媒体个人
信息。设置完成后单击"保存并继续"按钮即可，如图 4-27 所示。

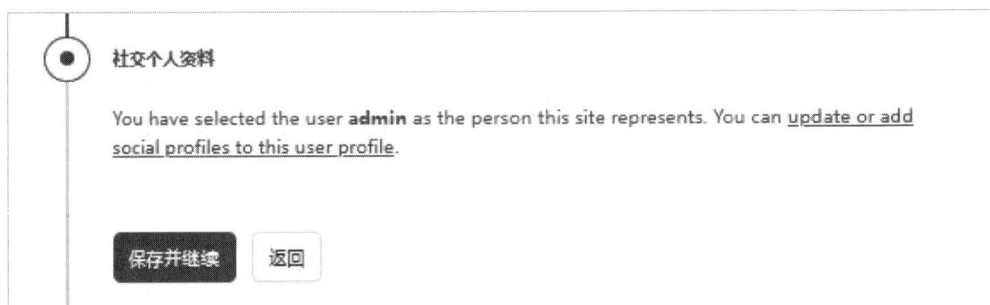

图 4-27　Yoast SEO 社交个人资料设置

然后，进入"偏好设置"页面，用户可以选择订阅 Yoast SEO 实时通信，并通过电子邮箱
发送。还可以选择是否愿意匿名收集有关您网站的信息以增强 Yoast 搜索引擎优化。设置完成
后单击"保存并继续"按钮即可，如图 4-28 所示。

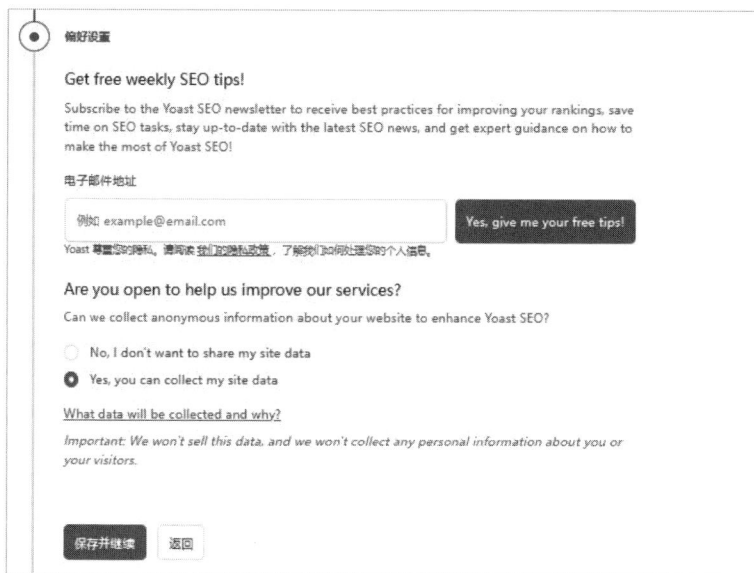

图 4-28　Yoast SEO 偏好设置

最后，完成配置后，转到 Yoast SEO 仪表盘页面。

在仪表盘界面，分为两个分数：内容的 SEO 分数和可读性分数。用户可以有针对性地进行优化，如图 4-29 所示。

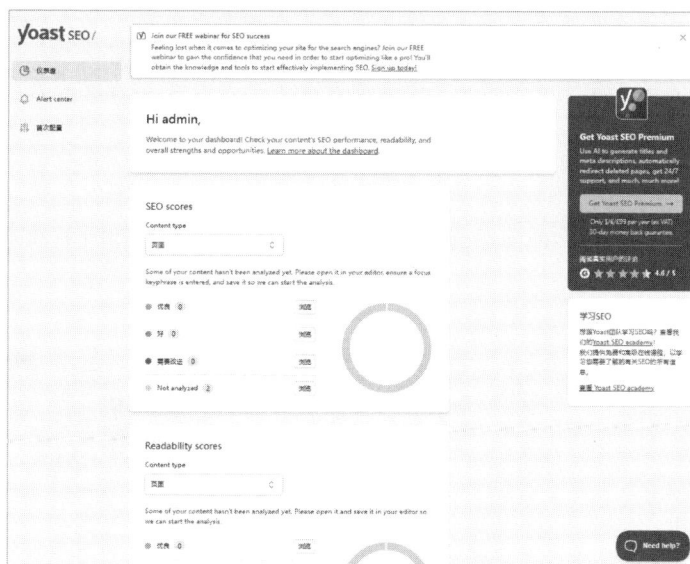

图 4-29　Yoast SEO 仪表盘页面

4.3.3　Yoast SEO 插件的基本设置

单击"Yoast SEO"菜单中的"设置"按钮，进入 Yoast SEO 的设置页面，包括常规设置、内容类型设置、分类与标签设置和高级设置。

1. 常规设置

（1）单击常规选项下的"Site features"按钮进入网站的设置，包括对写、站点结构、社交分享、工具、API 接口的设置。

首先是对"写"的设置，打开"SEO 分析"可以帮助搜索引擎优化分析提供了改进文本可查找性的建议，并确保您的内容符合最佳实践；打开"可读性分析"提供建议帮助您完善文章的结构和风格；打开"Insights"可以帮助理解文本的关键词是否符合优化要求，如图 4-30 所示。

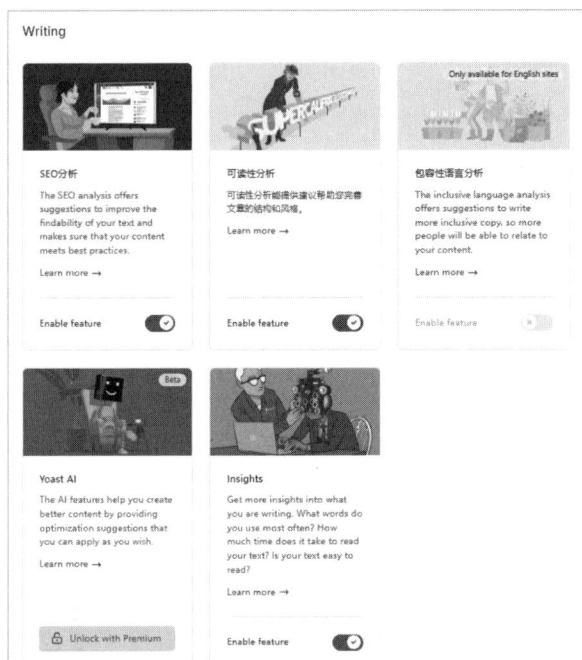

图 4-30　Yoast SEO 写的设置

然后是对"站点结构"的设置，开启"基石内容"，让搜索引擎优先抓取；开启"文本链接计数器"能够统计文章或产品的内链数量，协助内链结构优化，如图 4-31 所示。

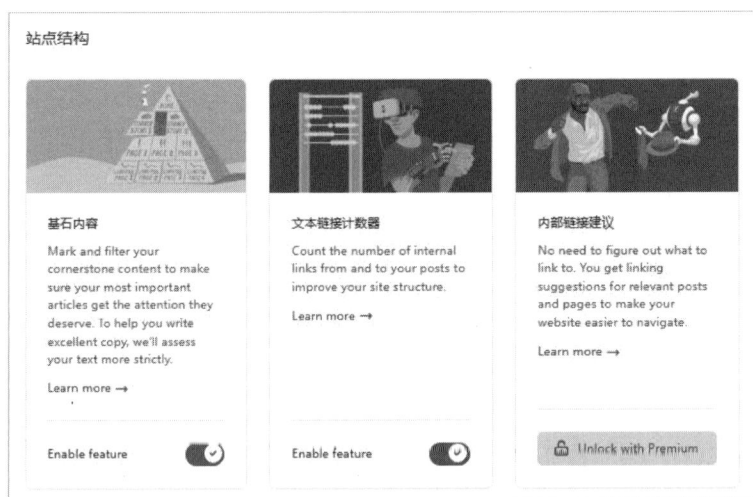

图 4-31　Yoast SEO 站点结构的设置

接着是"社交分享"的设置，打开"图形化数据显示"可以优化社交媒体分享内容；打开

"X card data"允许 X 在共享站点链接时显示带有图片和文本摘要的预览；"松弛共享"可以根据需求选择是否开启，主要是分享时为文章的片段添加作者署名和阅读时间估计，如图 4-32 所示。

再是"工具"的设置，打开"管理员菜单栏"可以在顶级管理栏中的 Yoast 图标提供对第三方工具的快速访问，以分析页面，并使其易于查看是否有新通知，如图 4-33 所示。

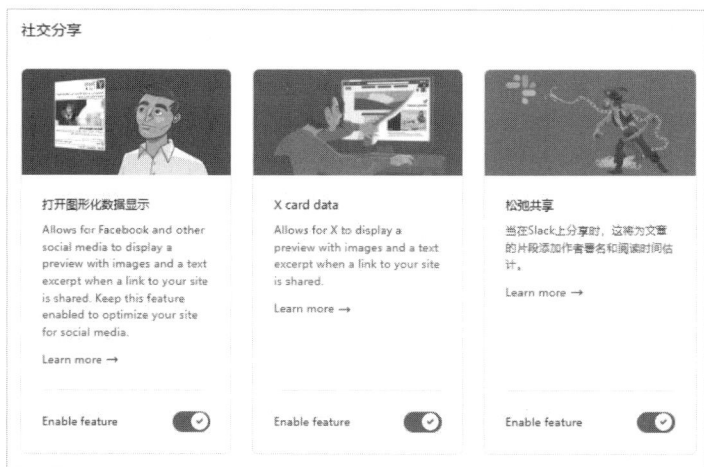

图 4-32 Yoast SEO 社交分享的设置

图 4-33 Yoast SEO 工具的设置

最后是"API 接口"的设置，打开"REST API 断点"可以提供特定的 URL 所需的所有元数据；打开"XML 站点地图"可以确保搜索引擎能够找到，如图 4-34 所示。

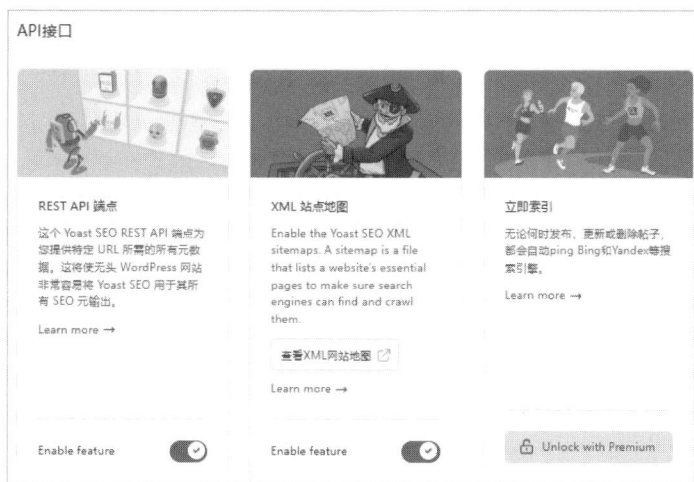

图 4-34 Yoast SEO API 接口的设置

（2）单击常规选项下的"Site basics"按钮进入网站基本信息的设置，包括站点名称、备用网站名称、标语、标语分隔符、网站图片和网站偏好的设置。

"站点名称"是用于 SEO 标题和描述的网站名称；"备用网站名称"会显示在搜索结果页面，尽量选择精简的名称；"标语"相当于副标题；"标题分隔符"可以任意选择；"网站图片"可以任意选择，在某些文章或页面没有设置特色图片时，将会显示此图片；"网站偏好"分为"限制作者的高级设置"和"使用情况追踪"，"限制作者的高级设置"打开后只有编辑者和管理员才能访问高级设置，"使用情况追踪"打开 Yoast SEO 插件收集数据用于改进插件功能。全部设置完成后，单击"保存更改"按钮，如图 4-35 所示。

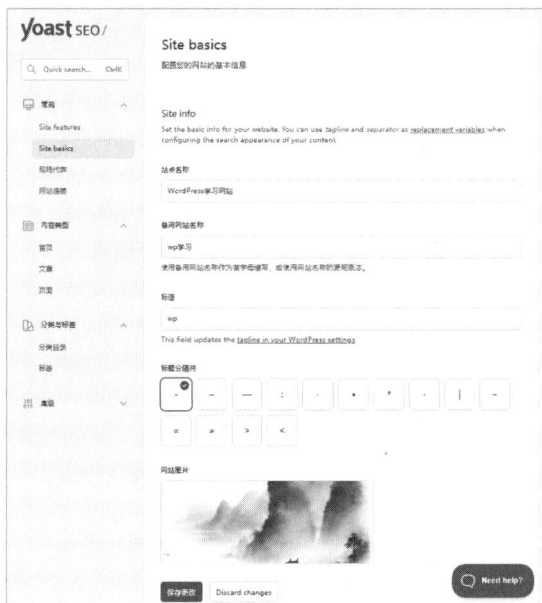

图 4-35　Yoast SEO 网站基本信息的设置

（3）单击常规选项下的"现场代表"按钮，这里 Yoast SEO 插件的首次设置已经完成了，用户还可以根据需求更改。

（4）单击常规选项下的"网站连接"按钮，在这里可以连接各大搜索引擎，用不同的工具验证你的网站，方便查看数据，如图 4-36 所示。

图 4-36　Yoast SEO 网站连接的设置

2. 内容类型设置

（1）单击内容类型设置选项下的"首页"按钮，在这里，可以选择主页在搜索引擎和社交媒体中展示的样式。单击下画线链接编辑主页，如图 4-37 所示。

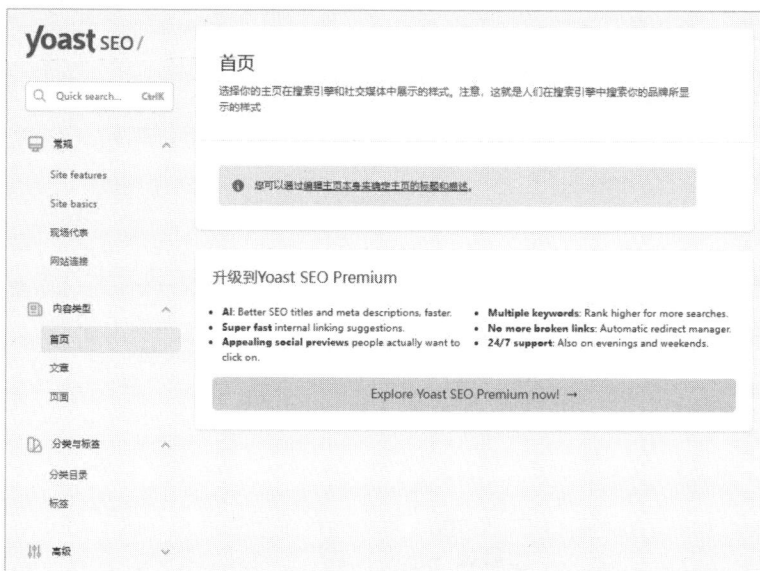

图 4-37　Yoast SEO 首页的设置

（2）单击内容类型设置选项下的"文章"按钮，在这里选择是否在搜索结中里显示文章、SEO 标题设置、元描述。SEO 标题尽量包含关键词，且使用分隔符强调内容；元描述包含主关键词与标题一致，并根据上下文补充语义关键词，概括好页面的内容。设置完成后单击"保存更改"按钮，如图 4-38 所示。

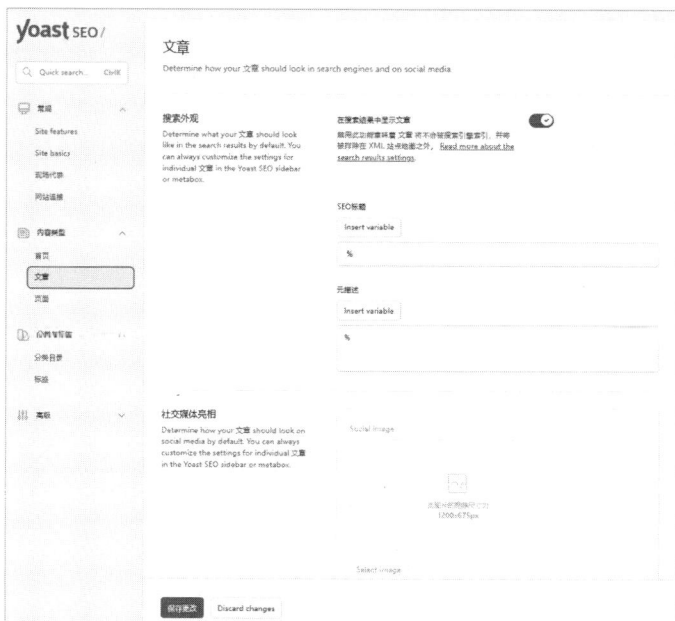

图 4-38　Yoast SEO 文章的设置

（3）单击内容类型设置选项下的"页面"按钮，这里的设置和文章设置相同。设置完成后单击"保存更改"按钮，如图 4-39 所示。

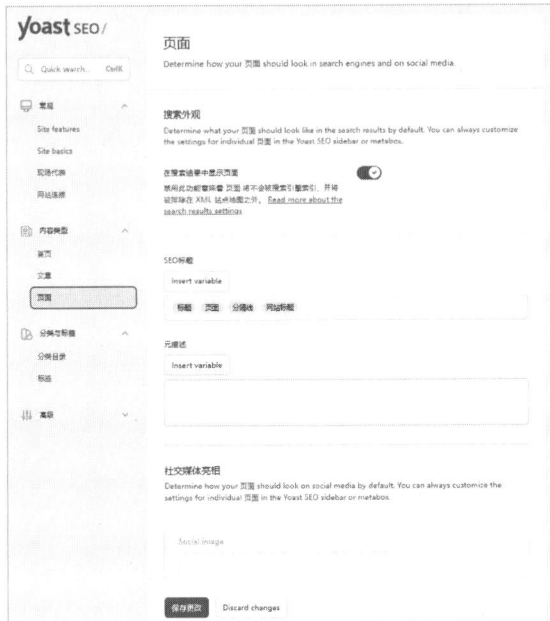

图 4-39　Yoast SEO 页面的设置

3. 分类与标签设置

（1）单击分类与标签设置选项下的"分类目录"按钮，这里的设置和文章设置基本相同，不同点是"在搜索结果中显示分类目录"的设置，如果目录页不是丰富的内容，选择不打开，否则会对 SEO 不利，如图 4-40 所示。

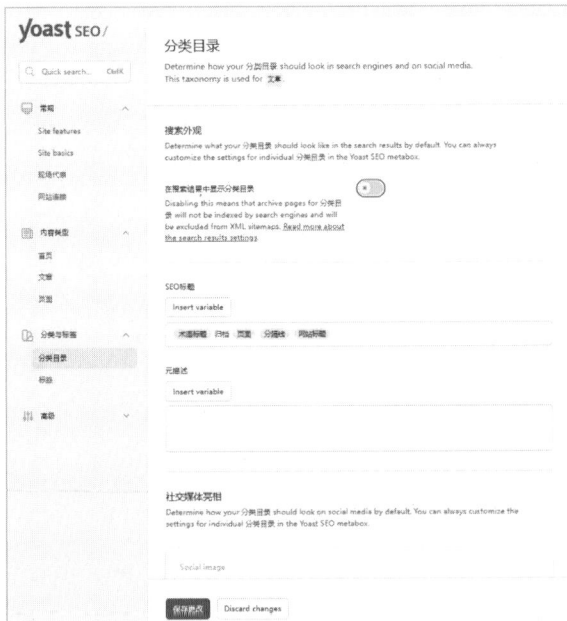

图 4-40　Yoast SEO 分类目录的设置

（2）单击分类与标签设置选项下的"标签"按钮，这里的设置和分类目录设置相同，"在搜索结果中显示标签"的设置选择不打开，如图 4-41 所示。

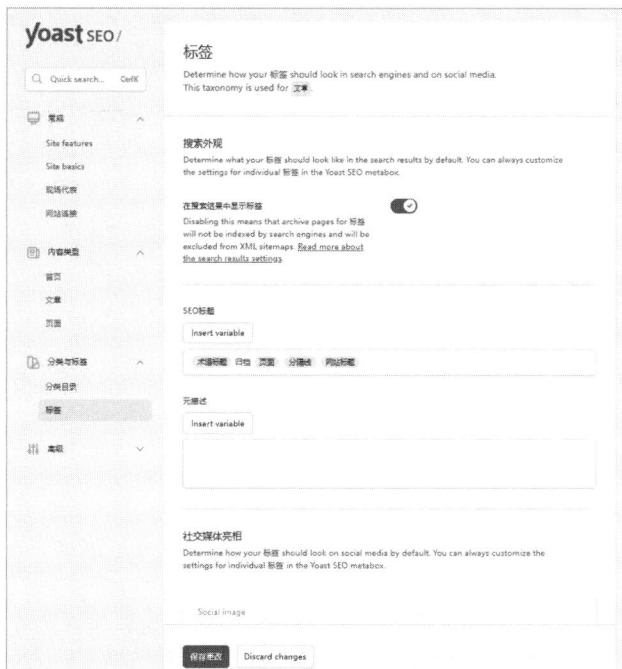

图 4-41　Yoast SEO 标签的设置

4. 高级设置

（1）单击高级设置选项下的"Crawl Optimization"按钮，"Crawl Optimization"意为爬行优化，通过防止搜索引擎抓取不需要的内容，并删除未使用的 WordPress 功能，使网站能够更高效、更环保。

首先是对"Remove unwanted metadata"的设置，删除不需要的数据。在这里，将所有的选项都打开，能够增加安全性，如图 4-42 所示。

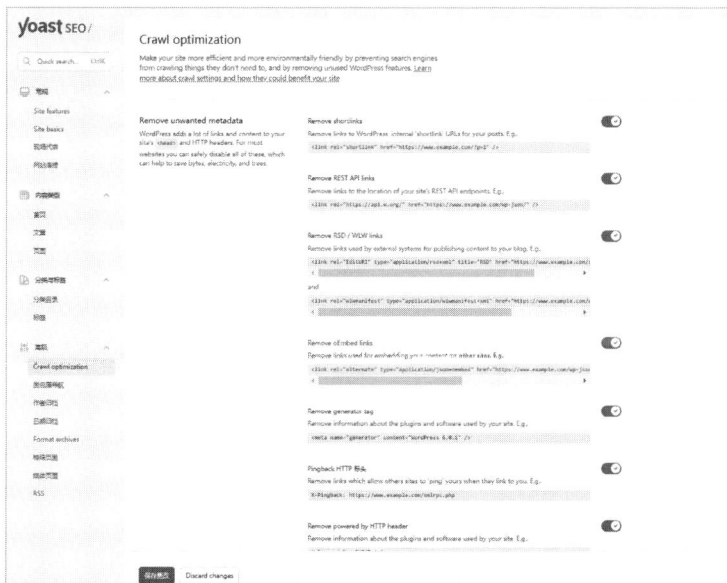

图 4-42　Yoast SEO Remove unwanted metadata 的设置

然后是对"Disable unwanted content formats"的设置，禁用不需要的格式。在这里将所有的选项全部打开，能够加速网站速度，如图 4-43 所示。

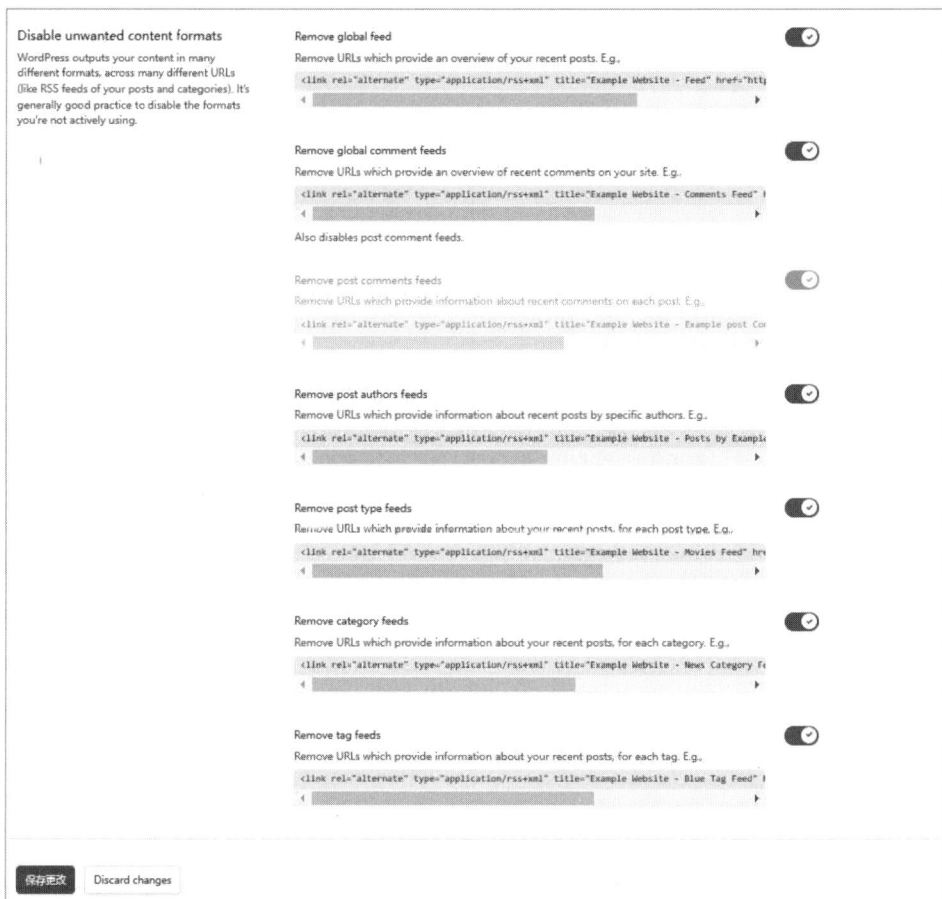

图 4-43　Yoast SEO Disable unwanted content formats 的设置

接着是对"删除未使用的资源"的设置。打开"Remove emoji script"选项能够提升速度；打开"Remove WP-JSON API"选项可以提升安全性，如图 4-44 所示。

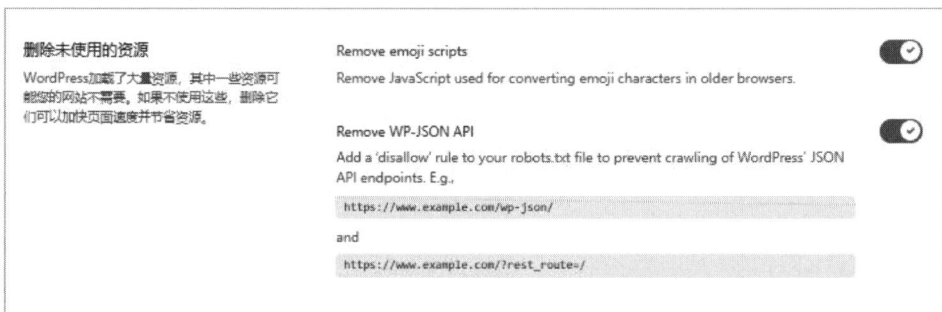

图 4-44　Yoast SEO 删除未使用的资源的设置

再是对"阻止不需要的机器人"的设置，用户可以根据有没有使用 Google Ads，选择是否启用此设置，如图 4-45 所示。

图 4-45　Yoast SEO 阻止不需要的机器人的设置

再然后是对 "Internal site search cleanup" 的设置，即对内部站点搜索清理的设置。打开"筛选搜索词"选项；设置"搜索中允许的最大字符"建议设置 10 ～ 40 字符；打开"使用表情符号和其他特殊字符筛选搜索"—"使用常见垃圾邮件模式筛选搜索"选项；选项"Redirect pretty URLs to 'raw' formats"为重置 URL 为原始格式，选择为不打开；打开"Prevent crawling of internal site search URLs"选项防止爬虫抓取内部搜索结果页，如图 4-46 所示。

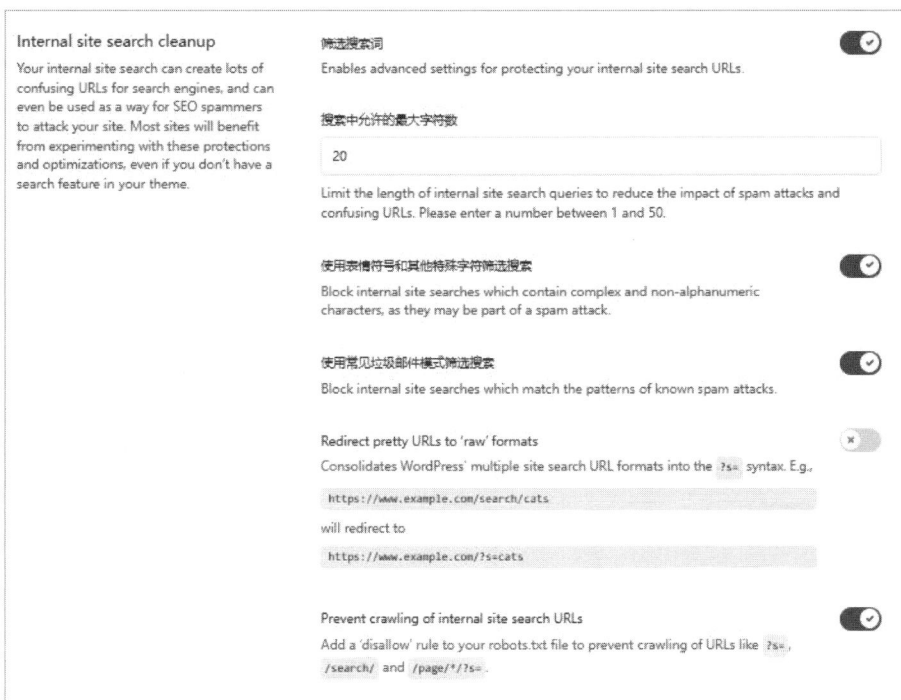

图 4-46　Yoast SEO Internal site search cleanup 的设置

最后是对 "Advanced：URL cleanup" 的设置，即高级设置：URL 清理。打开"Optimize Google Analytics utm tracking parameters"选项可以优化 Google 分析追踪参数，提高 SEO 效果；打开"Remove unregistered URL parameters"选项可以删除未注册的 url 参数，防止生成大量重复无意义的 URL；"允许的其他 URL 参数"用户可以进行自定义，如图 4-47 所示。

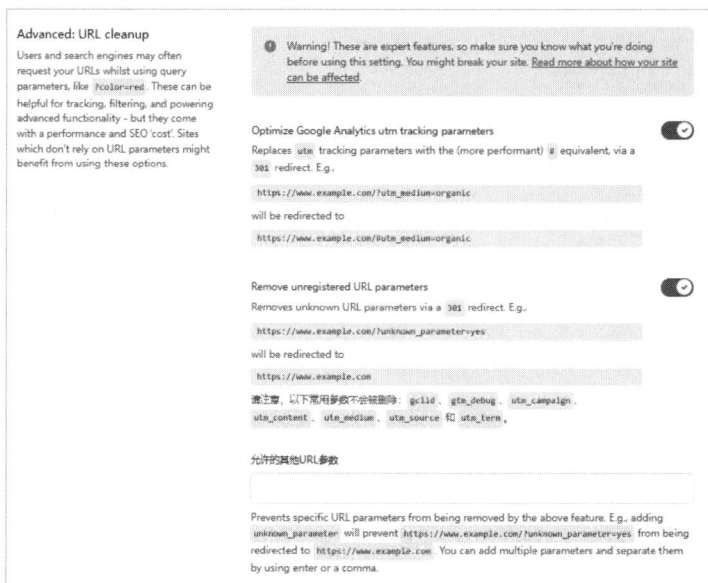

图 4-47　Yoast SEO URL 清理的设置

设置完成后单击"保存更改"按钮。

（2）单击高级设置选项下的"面包屑导航"按钮，用户可以根据需求对面包屑外观、文章面包屑、分类面包屑和如何插入路径导航进行设置，如图 4-48 所示。

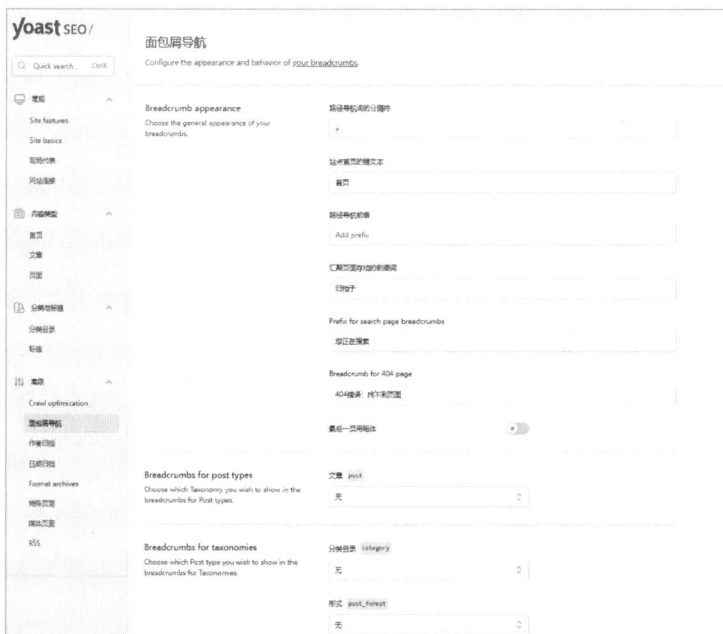

图 4-48　Yoast SEO 面包屑导航的设置

（3）单击高级设置选项下的"归档页面"按钮，可以关闭"作者归档""日期归档"和"Format archives"，这些可以全部关闭。

（4）单击高级设置选项下的"页面"按钮，可以设置"特殊页面""媒体页面"和"RSS"，这些设置保持默认即可。

第**5**章

教育网站入门：概念与主题安装

本章概述

在数字化教育时代，一个专业的学习平台能够突破时空限制，让知识传递更为高效。本章将带您走进教育网站建设的第一步，从理解教育平台的核心价值到完成 WordPress 教育主题的安装配置。无论您是打造在线课程平台、学校官网还是培训机构网站，这些基础建设技巧都将为数字化教育之路奠定坚实基础。

知识导读

本章要点（已掌握的在方框中打钩）

☐ 教育网站的概念

☐ 教育网站主题的选择

☐ 教育网站主题的安装与配置

5.1 教育网站概述

教育主题网站是专门为教育机构、在线学习平台或教师个人打造的网站，旨在提供课程信息、教学资源、在线学习、师生互动等功能。

5.1.1 教育网站的概念

教育网站是指以教育为目的，利用互联网技术提供教育信息、资源和服务的网站。它是信息技术与教育相结合的产物，是传统教育模式的有益补充和延伸。

简单来说，教育网站就是一个在线平台，它对人们的帮助如下。

（1）获取教育资源：例如课程信息、教学视频、电子书、试题库等。

（2）进行在线学习：例如观看视频课程、完成在线作业、参加在线考试等。

（3）与他人交流互动：例如与老师同学讨论问题、分享学习经验等。

教育网站可以服务于不同的用户群体，例如：

（1）学生：获取学习资源、进行在线学习、与老师和同学交流。

（2）家长：了解孩子学习情况、获取教育资讯、参与学校活动。

（3）教师：分享教学资源、发布课程信息、与学生互动交流。

（4）教育机构：展示学校/机构形象、发布招生信息、提供在线课程。

教育网站的建设和发展，对于推动教育信息化、促进教育公平、提高教育质量具有重要意义。

5.1.2　教育网站的类型

（1）学校/机构官网：展示学校/机构简介、师资力量、课程设置、招生信息等。

（2）在线学习平台：提供在线课程、学习资源、作业提交、在线考试等功能。

（3）教师个人网站：分享教学资源、教学经验、与学生互动交流。

（4）教育资源库：提供课件、教案、试题、视频等教育资源下载。

（5）教育论坛/社区：提供教育资讯、话题讨论、经验分享等。

5.1.3　教育网站的功能

（1）信息发布：发布学校/机构动态、课程信息、招生简章等。

（2）资源展示：展示教学资源、课程介绍、师资力量等。

（3）在线学习：提供在线课程、视频教程、学习资料等。

（4）互动交流：提供论坛、留言板、在线答疑等功能，促进师生互动。

（5）数据管理：管理学生信息、课程信息、成绩信息等。

5.1.4　教育网站的优势

（1）突破时空限制：用户可以随时随地访问网站，获取教育资源。

（2）丰富教学资源：网站可以整合文字、图片、音频和视频等多种形式的教学资源。

（3）个性化学习：用户可以根据自身需求选择学习内容和进度。

（4）提高教学效率：网站可以提供在线作业、考试、答疑等功能，提高教学效率。

（5）促进教育公平：网站可以打破地域限制，让更多人享受优质教育资源。

5.1.5　WordPress 搭建教育网站的优势

（1）开源免费：WordPress 是开源软件，可以免费使用和修改。

（2）易于使用：WordPress 操作简单，即使没有编程基础也可以轻松上手。

（3）主题丰富：拥有大量免费和付费的教育主题，可以快速搭建专业网站。

（4）插件扩展：丰富的插件可以扩展网站功能，满足不同需求。

（5）社区支持：拥有庞大的用户社区，可以方便地找到帮助和支持。

5.2　WordPress 教育主题的选择

选择合适的 WordPress 教育主题是建设教育网站的关键步骤。一个好的主题不仅决定了网站的外观和用户体验，还会直接影响到网站的功能性和扩展性。以下是选择合适 WordPress 教育主题的详细指南，分为几个小节进行说明。

5.2.1　确定目标用户

（1）学生：如果网站主要是面向学生，主题需要支持课程展示、在线学习、作业提交、成绩查询等功能。

（2）教师：如果网站是为教师服务，可能需要支持教学资源分享、课程管理、学生互动等功能。

（3）家长：如果家长是目标用户，主题应提供课程信息、学习进度跟踪、家校互动等功能。

（4）教育机构：如果网站是为学校或培训机构服务，可能需要展示机构简介、师资力量、招生信息等内容。

明确目标用户后，可以更有针对性地选择主题，确保其功能和设计符合用户需求。

5.2.2　明确网站需求

在选择主题之前，首先需要明确网站的核心需求。教育网站的需求包括以下几点。

（1）课程展示与管理：是否需要支持在线课程、视频教程、作业提交等功能。

（2）用户注册与登录：是否需要支持学生、教师或家长注册和登录。

（3）用户互动：是否需要论坛、社区或评论功能，以促进师生互动。

（4）多语言支持：如果面向国际用户，是否需要多语言支持。

（5）电子商务功能：是否支持在线支付、课程销售等功能。

（6）移动端适配：是否需要在移动设备上提供良好的浏览体验。

通过明确需求，可以缩小主题选择范围，避免选择功能冗余或不足的主题。

5.2.3　选择与 LMS 插件兼容的主题

学习管理系统（LMS）是教育网站的核心功能之一。选择与主流 LMS 插件兼容的主题至关重要。以下是几款常见的 LMS 插件及其兼容主题。

（1）LearnDash：兼容主题包括 eLumine、Astra Pro、BuddyBoss 等。

（2）LearnPress：Eduma 是专为 LearnPress 设计的主题，功能全面且易于使用，但是需要收费。

（3）LifterLMS：OceanWP 和 Neve 等主题支持 LifterLMS，适合快速搭建在线学习平台。

选择主题时，需确保其与 LMS 插件的兼容性，以避免功能冲突或性能问题。

5.2.4　评估主题的设计与功能

主题的设计和功能直接影响用户体验和网站运营效率。以下是评估主题时需要关注的几方面。

（1）设计风格：

选择符合教育行业特点的设计风格，例如简洁、专业或活泼的风格；

确保主题提供多种布局选项，以便根据需求调整页面结构。

（2）功能丰富性：

检查主题是否支持课程管理、学生注册、成绩跟踪等功能；

确保主题提供 SEO 优化、移动端适配等基础功能。

（3）定制灵活性：

选择支持拖放页面构建器（如 Elementor）的主题，以便快速设计页面；

确保主题提供丰富的自定义选项，例如颜色、字体、布局等。

5.2.5 考虑主题的性能与支持

主题的性能和支持是确保网站长期稳定运行的关键因素。

（1）性能优化

选择加载速度快、代码优化的主题，以提升用户体验和 SEO 排名；

避免选择功能过于复杂或资源占用过高的主题，以免影响网站速度。

（2）技术支持

选择提供良好技术支持和文档的主题，以便在遇到问题时快速解决；

优先选择定期更新的主题，以确保兼容最新的 WordPress 版本和插件。

5.2.6 推荐几款热门教育主题

以下是几款适合教育网站的 WordPress 主题推荐。

1. eLumine

支持 LearnDash，提供多种布局选项和高级扩展功能；

适合需要高度定制化的在线学习平台。

2. Eduma

专为 LearnPress 设计，功能全面且易于使用；

提供多种语言支持和 SEO 优化功能。

3. BuddyBoss

集成社区功能，适合需要社交互动的在线学习平台；

支持论坛、群组和活动管理。

4. OceanWP

免费主题，支持 LifterLMS，适合预算有限的用户；

提供多种预制模板和 SEO 优化功能。

5. Education Hub

免费主题，专为教育机构设计，界面简洁、响应式布局；

支持课程展示、讲师介绍、学生管理等功能；

兼容 LearnPress 插件，适合在线课程平台。

5.3 主题安装与配置

在建设教育主题网站时，选择合适的主题并进行正确安装与配置是至关重要的一步。本节将详细介绍如何安装、激活和配置 WordPress 主题，确保您的网站拥有美观的设计和强大的功能。

5.3.1 主题安装

在 WordPress 后台管理页面，单击"外观"菜单下的"主题"按钮，进入主题页面，再单击左上角"安装新主题"按钮进入主题市场页面，在搜索框输入主题名称，这里输入"Education Hub"，鼠标移到主题上，可以查看"详情及预览"和"安装"信息，如图 5-1 所示。

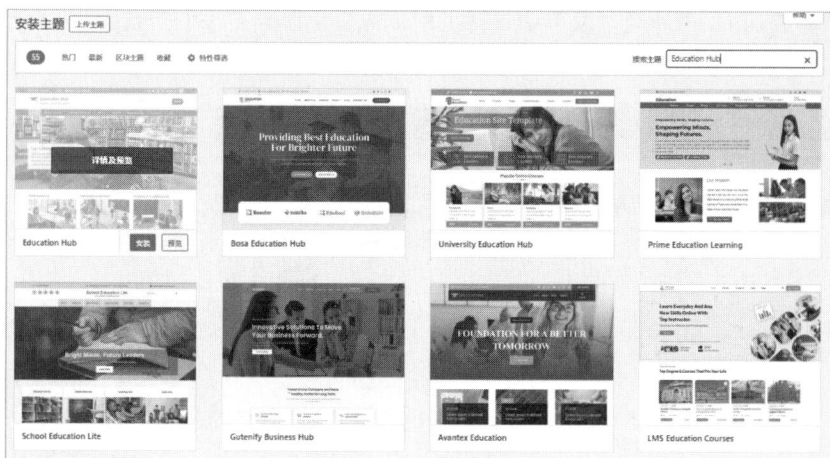

图 5-1　安装主题

单击"详情及预览"或"预览"按钮可以查看主题详情，单击"安装"按钮安装主题，安装成功后，鼠标移到主题上，显示"启用"按钮，如图 5-2 所示。

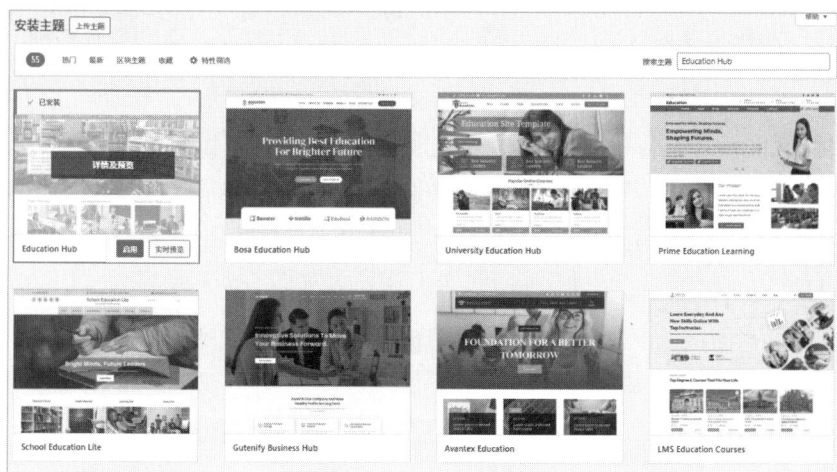

图 5-2　启用主题

单击"启用"按钮启用主题，跳转到主题页面，如图 5-3 所示。

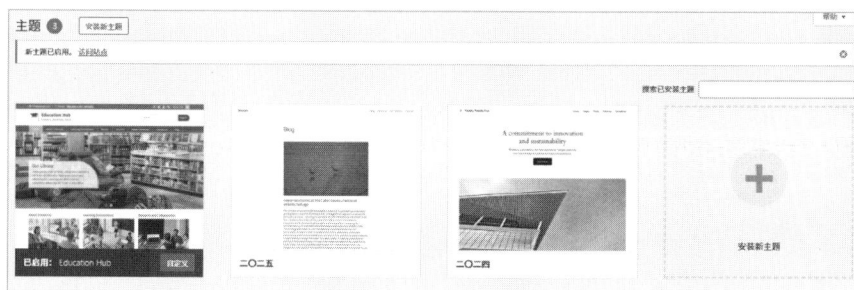

图 5-3　启用主题成功

管理员在后台将主题启用成功后，可以单击"访问站点"按钮在前台查看主题使用效果，或者鼠标移动到左上角站点名称，单击"查看站点"按钮进入前台页面，如图 5-4 所示。

主题设置成功后，"外观"菜单中包括主题、样板、自定义、小工具、菜单、页眉、背景和主题文件编辑器功能，如图 5-5 所示。

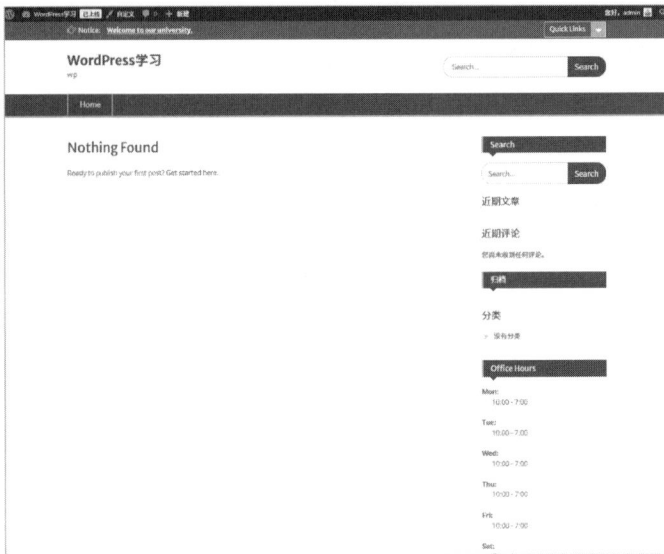

图 5-4　前台显示主题

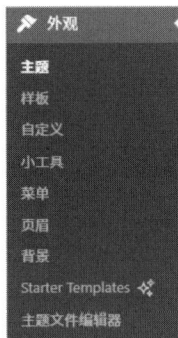

图 5-5　外观功能

5.3.2　自定义

单击"外观"菜单下的"自定义"按钮或单击所启用主题下的"自定义"按钮，进入自定义功能页面，功能包括站点身份、颜色、页眉照片、背景图片、Theme Options、Faetured Slider、Featured Content、菜单、小工具、额外 CSS 等，如图 5-6 所示。

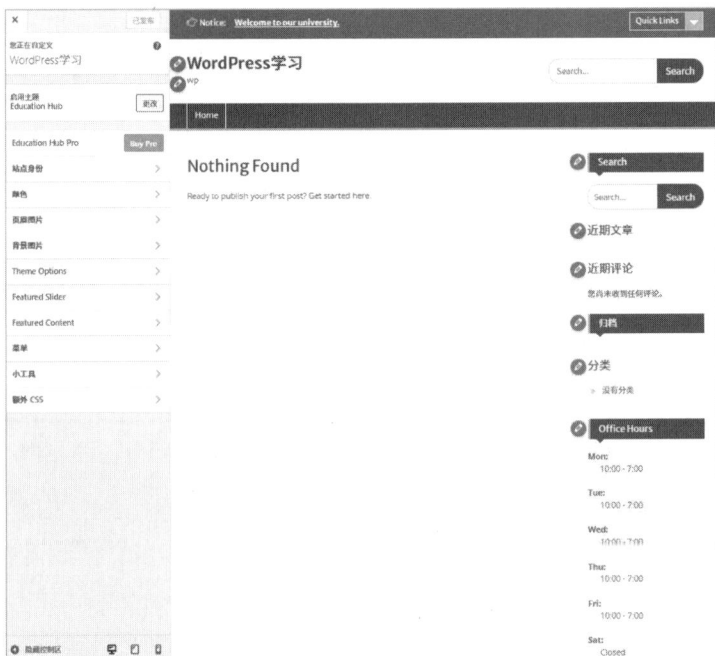

图 5-6　自定义页面

1. 站点身份

在"自定义"页面，单击"站点身份"按钮，进入站点身份功能页，管理员可以选择站点Logo、修改站点标题和副标题、选择站点图标。这里将站点标题设置为"Study 智汇空间"，副标题设置为"一个教育网站系统"，设置一个站点图标，设置完成后，首页就已经显示站点标题、副标题和站点图标了，如图 5-7 所示。

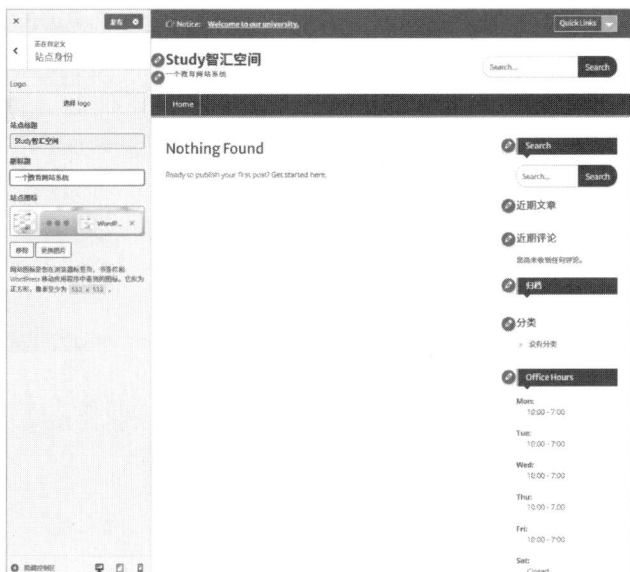

图 5-7　自定义站点身份

注意：站点图标指的是代表一个网站或网页的小图标。这种图标一般被放置在浏览器的标签页上，用于快速识别和区分不同的网站。

2. 颜色

在"自定义"页面，单击"颜色"按钮，进入颜色功能页，管理员可以设置背景颜色，这里的"背景颜色"保持默认为白色，如图 5-8 所示。

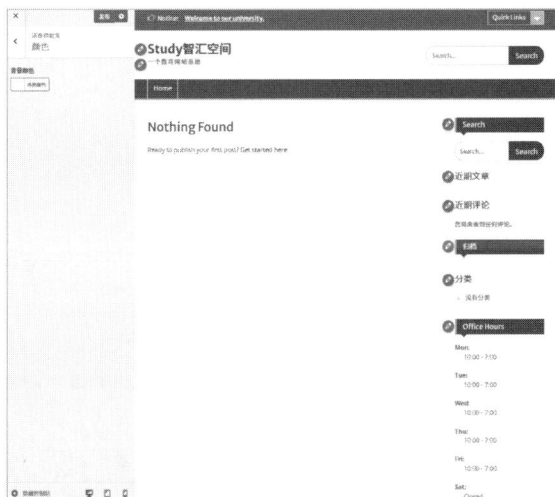

图 5-8　自定义颜色页面

3. 页眉图片

在"自定义"页面，单击"页眉图片"按钮，进入页眉图片功能页，管理员可以单击"新增图片"按钮设置页眉图片，如图 5-9 所示。

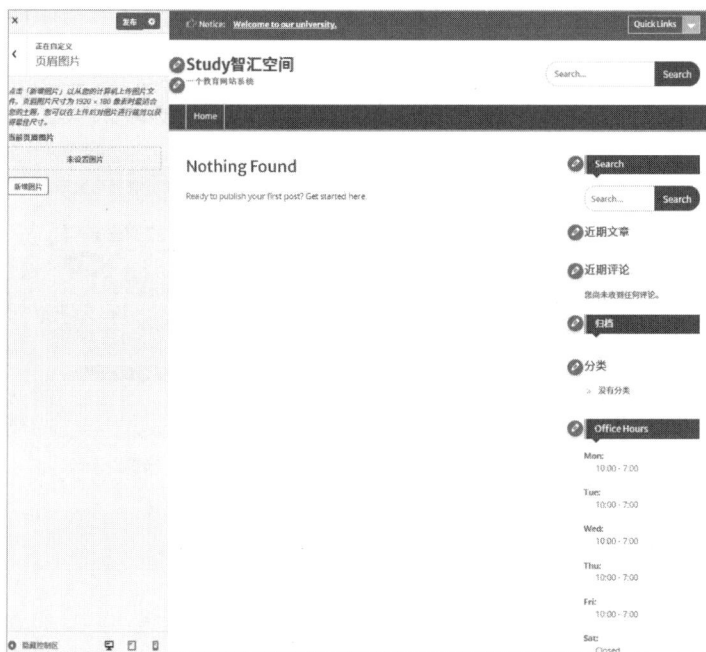

图 5-9　自定义页眉图片页面

单击页面中的"选择图片"按钮，进入上传文件页面，如图 5-10 所示。

图 5-10　上传页眉图片

单击"选择文件"按钮将照片上传到媒体库，单击"选择并裁剪"按钮，裁剪好合适的图片上传，上传完成后，单击"页眉图片"按钮显示所选图片，如图 5-11 所示。

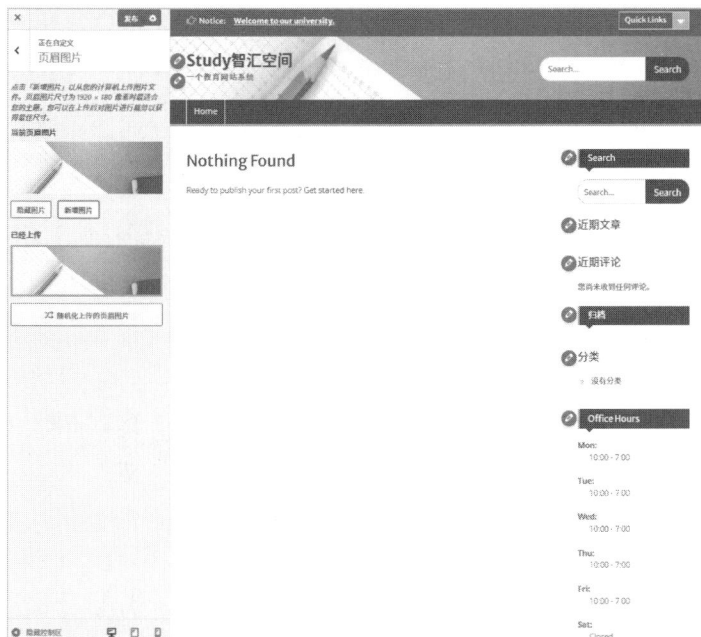

图 5-11　自定义页眉图片

4. 背景图片

在"自定义"页面，单击"背景图片"按钮，进入背景图片功能页，在这里，管理员可以设置背景图片，如图 5-12 所示。

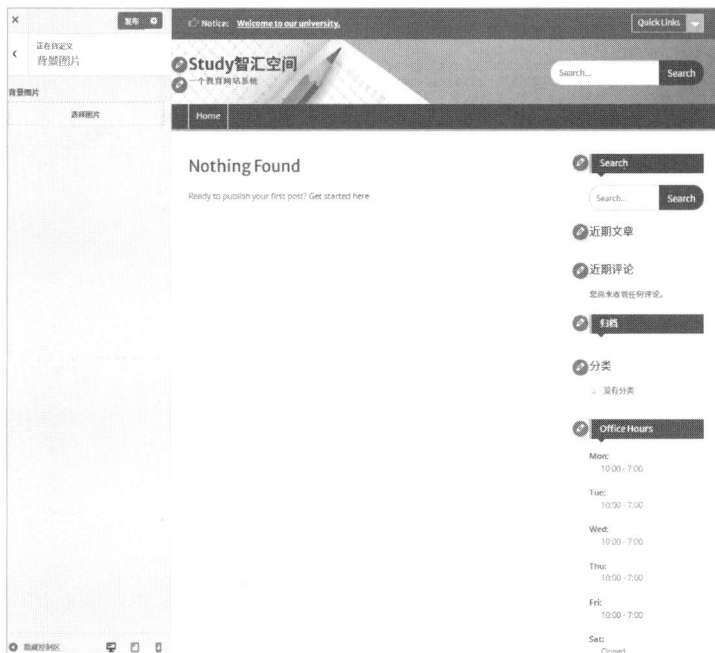

图 5-12　自定义背景图片页面

单击"选择图片"按钮，进入上传图片页面，将照片上传后，背景图片就更换成所选图片了，如图 5-13 所示。

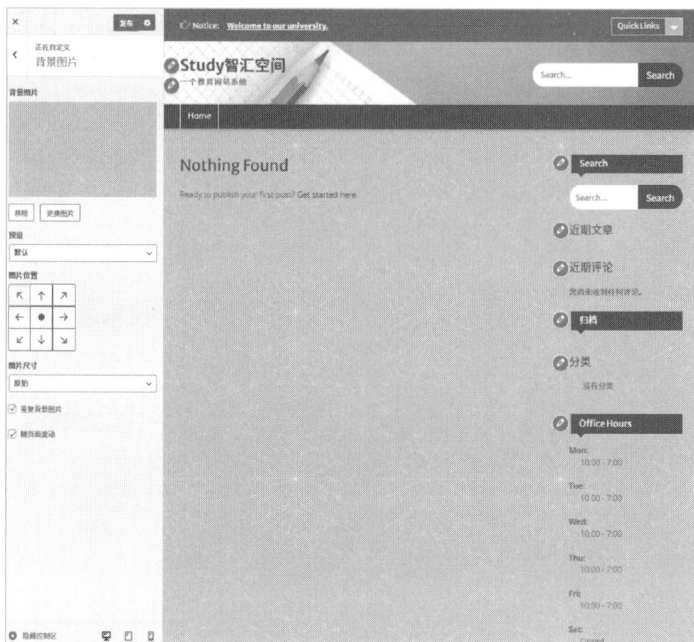

图 5-13　自定义背景图片

　　背景图片上传完成后，管理员可以设置图片预设方式，包括填满屏幕、适合屏幕、重复和自定义，根据需求选择，如图 5-14 所示。

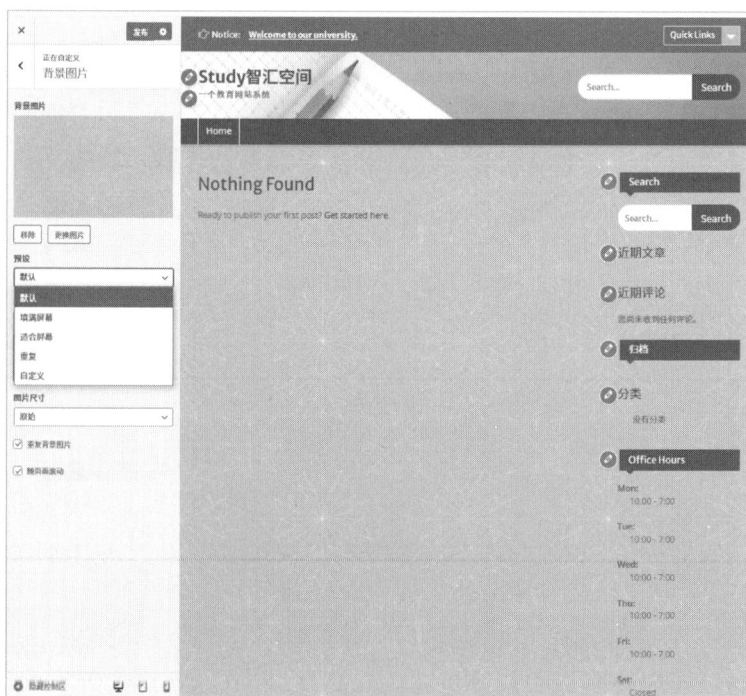

图 5-14　设置背景图片预设方式

5. Theme Options（主题选项）

　　在"自定义"页面，单击"Theme Options"按钮，进入主题选项功能页，管理员可以设置 Header Options（顶部选项）、Search Options（搜索选项）、Layout Options（布局选项）、Home Page Options（主页选项）、Pagination Options（分页选项）、Footer Options（页脚选项）、Blog Options（博客选项）、Breadcrumb Options（面包屑选项）和 Reset ALL Theme Settings（重置设置），如图 5-15 所示。

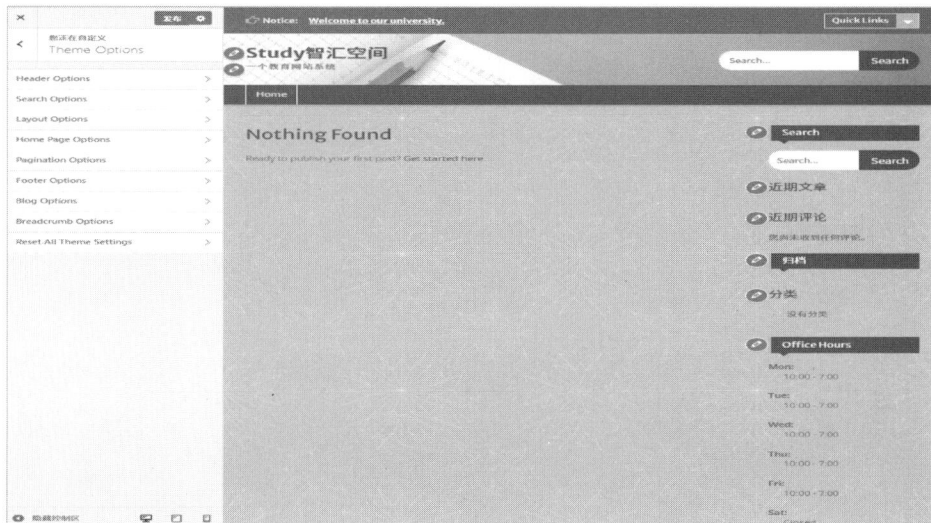

图 5-15　主题选项页面

（1）在"Theme Options（主题选项）"页面，单击"Header Options"按钮进入顶部选项设置页面，管理员可以设置是否展示站点标题、副标题、通知、顶部搜索框等，并且可以添加或修改顶部内容和通知内容，如图 5-16 所示。

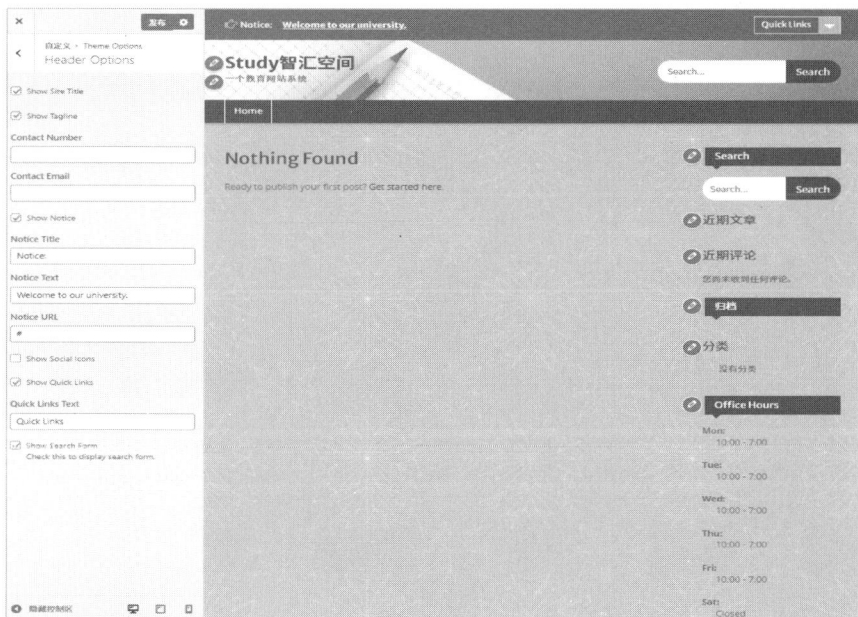

图 5-16　顶部选项设置

例如，将"Contact Number"输入框中输入电话，则在顶部显示电话，如图 5-17 所示。

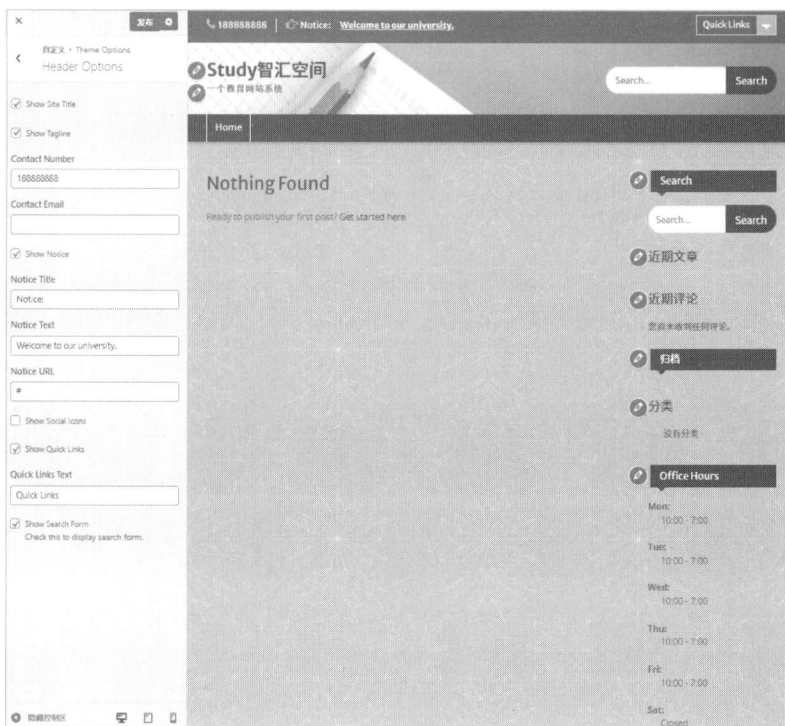

图 5-17　电话设置

（2）在"Theme Options（主题选项）"页面，单击"Search Options"按钮进入搜索选项设置页面，管理员可以设置搜索框中的内容，如图 5-18 所示。

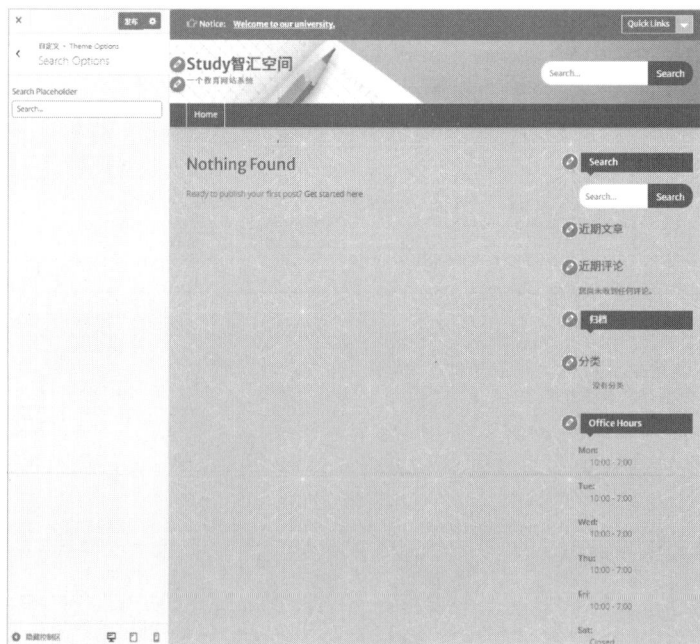

图 5-18　搜索选项设置

例如，将搜索框中的内容设置为空，如图 5-19 所示。

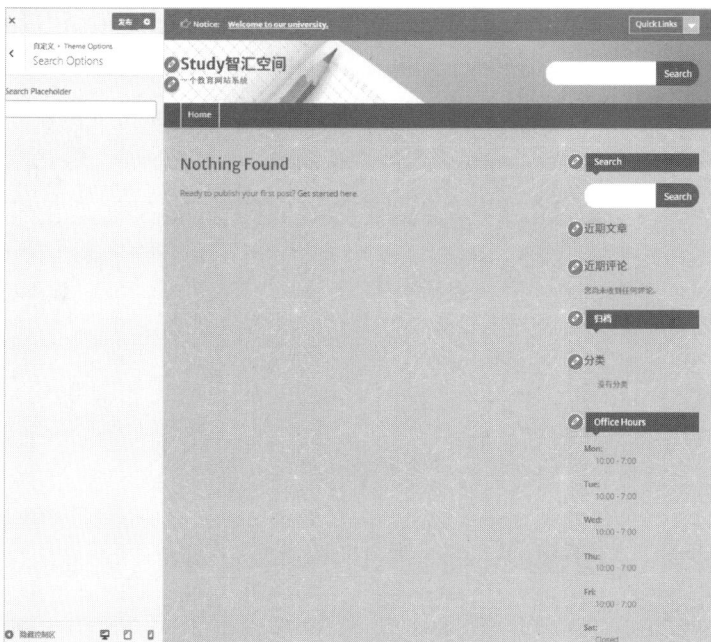

图 5-19　搜索框设置为空

（3）在"Theme Options（主题选项）"页面，单击"Layout Options"按钮进入布局选项设置页面，管理员可以根据需求设置 Site Layout（现场布局）、Global Layout（全局布局）、Global Layout（档案布局）、Image in Archive（存档中的图片）、Image Alignment in Archive（存档中图片对齐方式）、Image in Single Post/Page（单张帖子图片对齐方式）、Image Alignment in Single Post/Page（单个帖子图片对齐方式），如图 5-20 所示。

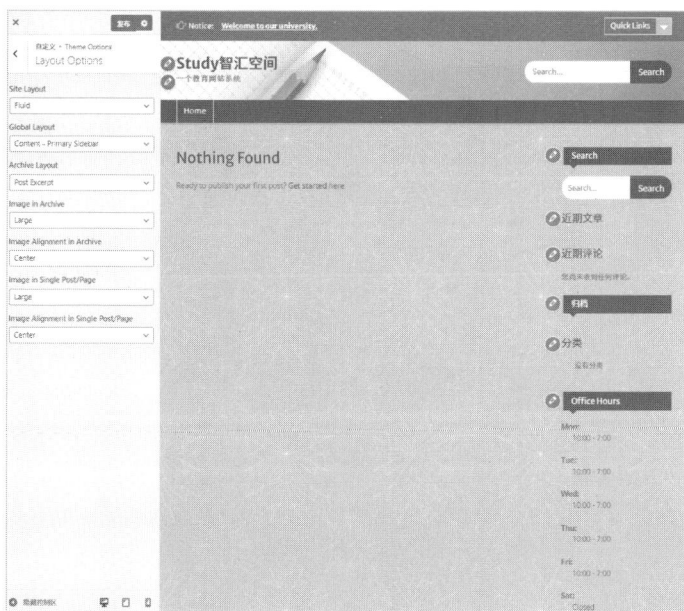

图 5-20　布局选项设置

（4）在"Theme Options（主题选项）"页面，单击"Home Page Options"按钮进入主页选

项设置页面，管理员可以根据需求设置是否启用展示主页内容，是否启用新闻部分和事件部分，如图 5-21 所示。

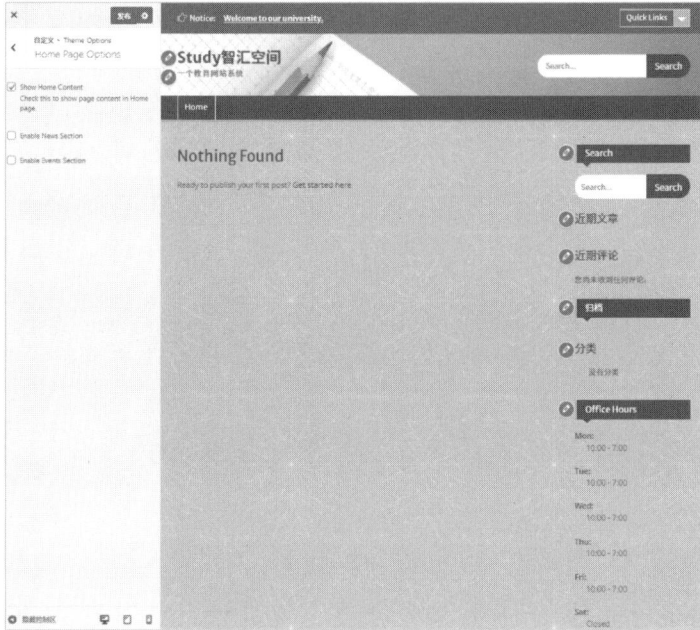

图 5-21　主页选项设置

（5）在"Theme Options（主题选项）"页面，单击"Pagination Options"按钮进入分页选项设置页面，管理员可以设置分页的类型，如图 5-22 所示。

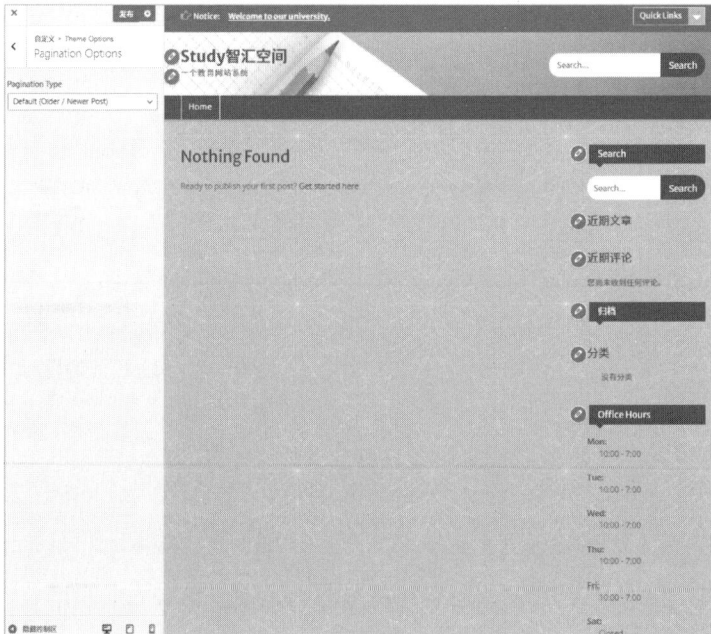

图 5-22　设置分页类型

（6）在"Theme Options（主题选项）"页面，单击"Footer Options"按钮进入页脚选项设

置页面，管理员可以在输入框修改页脚内容，如图 5-23 所示。

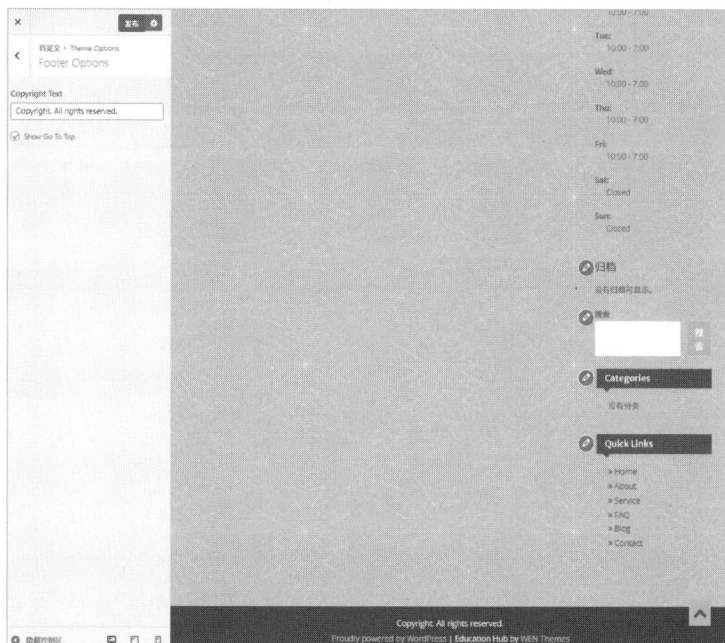

图 5-23 页脚设置

管理员还可以选择是否显示滚动顶部按钮，不勾选效果如图 5-24 所示。

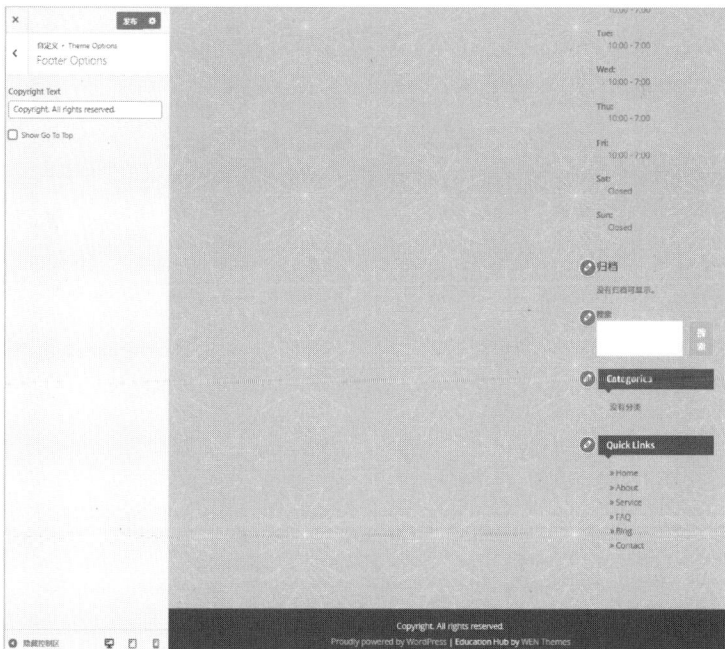

图 5-24 滚动顶部按钮设置

（7）在"Theme Options（主题选项）"页面，单击"Blog Options"按钮进入博客选项设置页面，管理员可以设置博客摘录长度和阅读更多的提示内容，如图 5-25 所示。

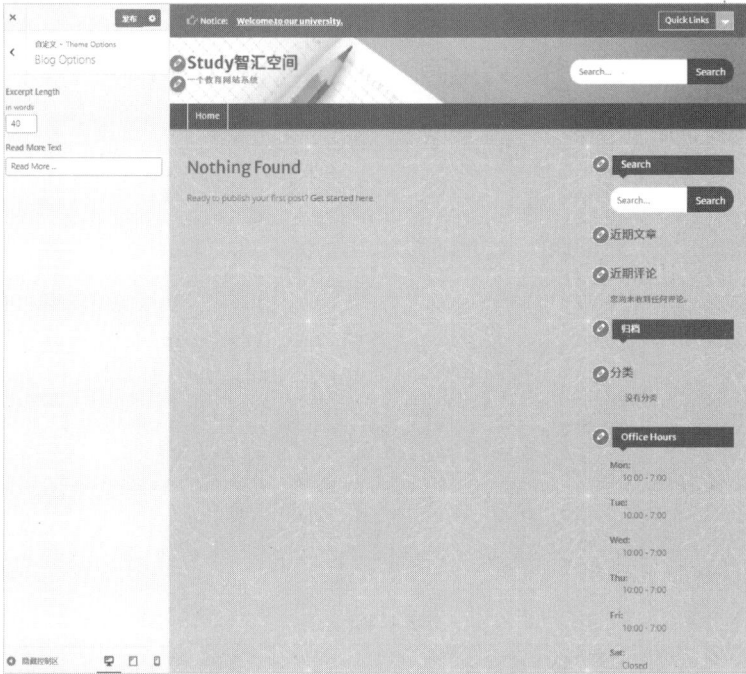

图 5-25　博客选项设置

（8）在"Theme Options（主题选项）"页面，单击"Breadcrumb Options"按钮进入面包屑选项设置页面，管理员可以设置面包屑类型，如图 5-26 所示。

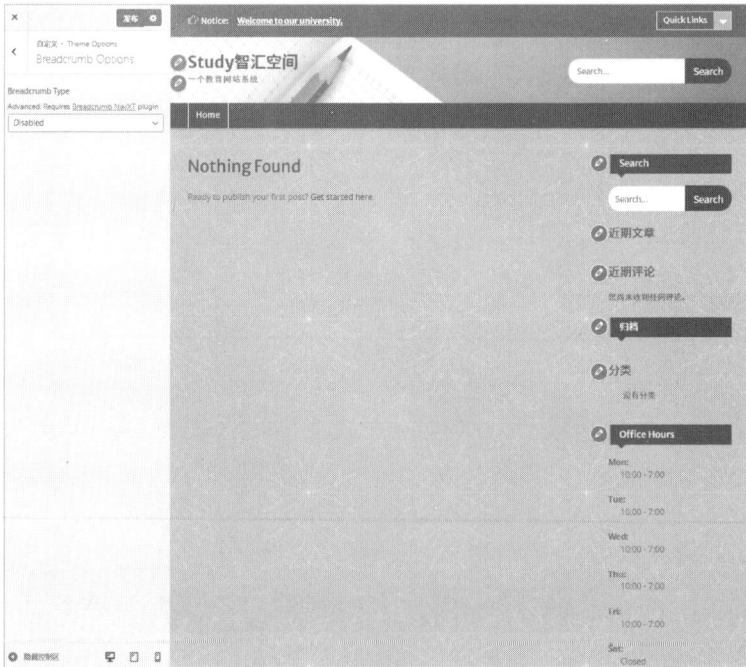

图 5-26　面包屑选项设置

（9）在"Theme Options（主题选项）"页面，单击"Reset All Theme settings"按钮进入重置选项设置页面，管理员可以勾选是否选择重置所有设置，这里不勾选，如图 5-27 所示。

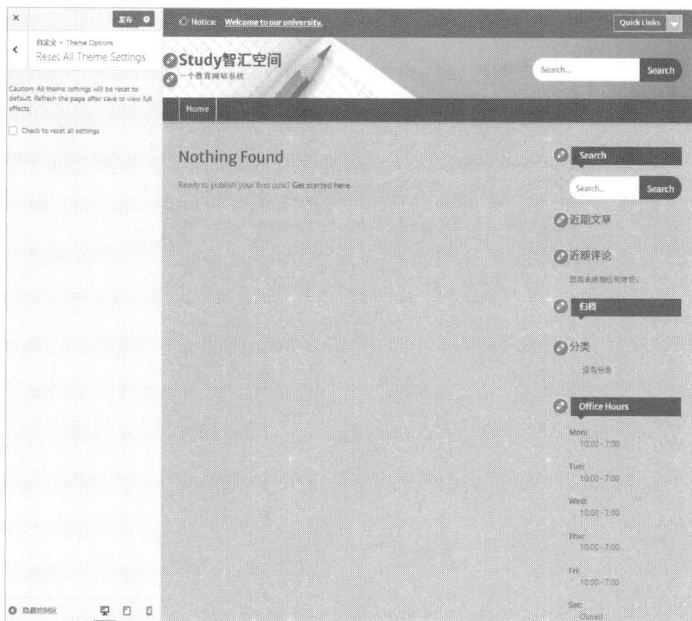

图 5-27　重置设置

6. Featured Slider

在"自定义"页面，单击"Featured Slider"按钮，进入特色滑块功能页，管理员可以设置滑块类型和滑块相关选项，如图 5-28 所示。

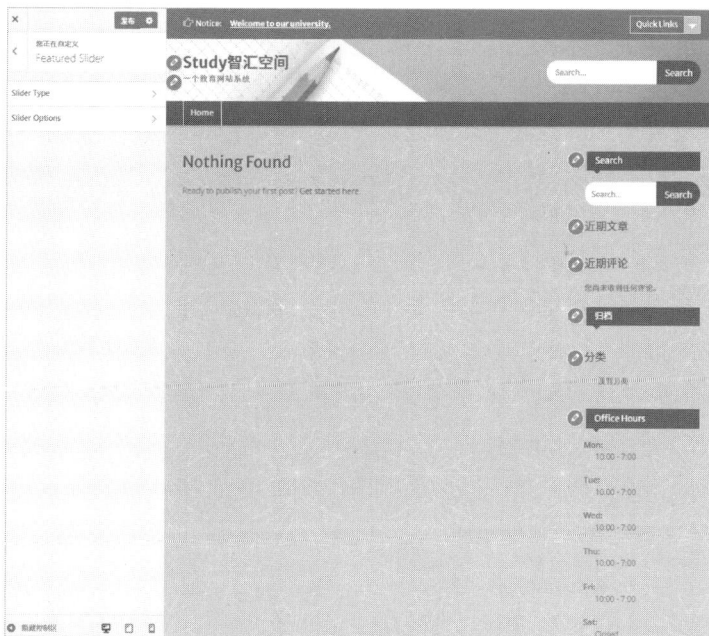

图 5-28　特色滑块功能页

7. Featured Content

在"自定义"页面，单击"Featured Content"按钮，进入特色内容功能页，管理员可以设置特色内容类型，如图 5-29 所示。

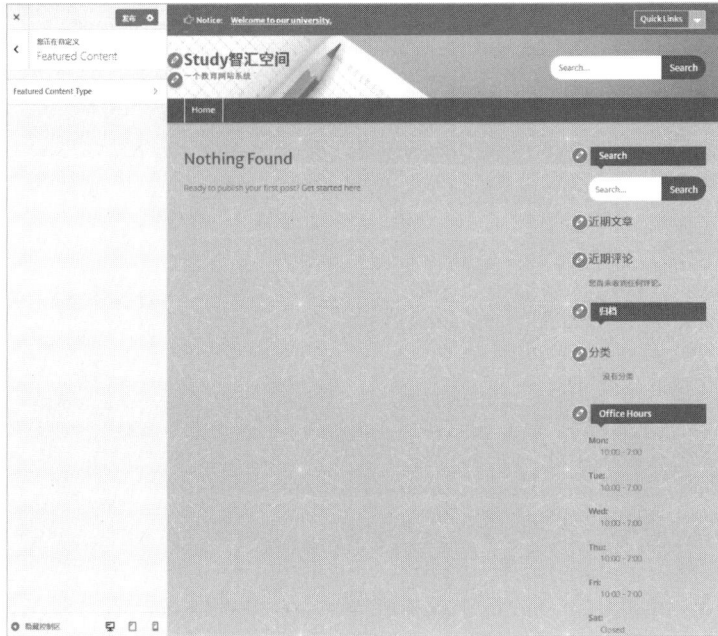

图 5-29　特色内容功能页

8. 菜单

在"自定义"页面，单击"菜单"按钮，进入菜单功能页，管理员可以创建新菜单、查看菜单位置并选择，如图 5-30 所示。

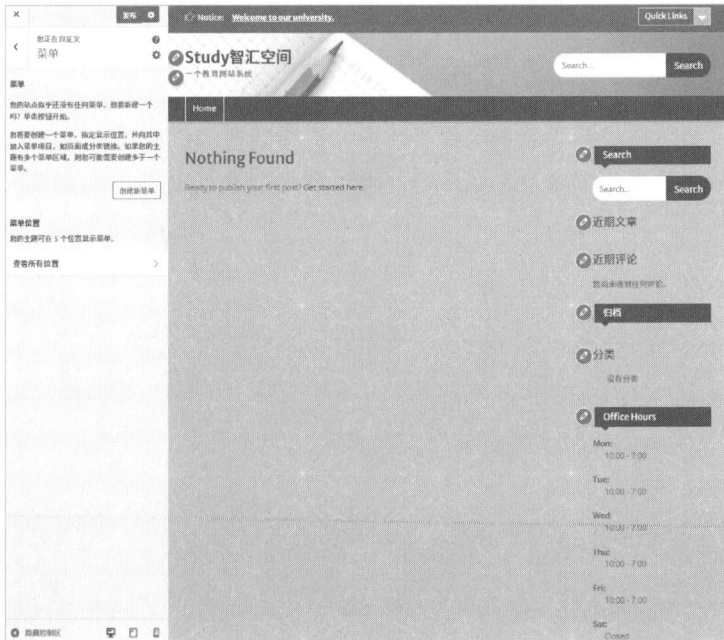

图 5-30　菜单页面

单击"创建新菜单"按钮，进入"新菜单"页面，在"菜单名称"中输入名称并勾选"菜单位置"，例如，输入"教育网站菜单"，勾选"Primary Menu"，如图 5-31 所示。

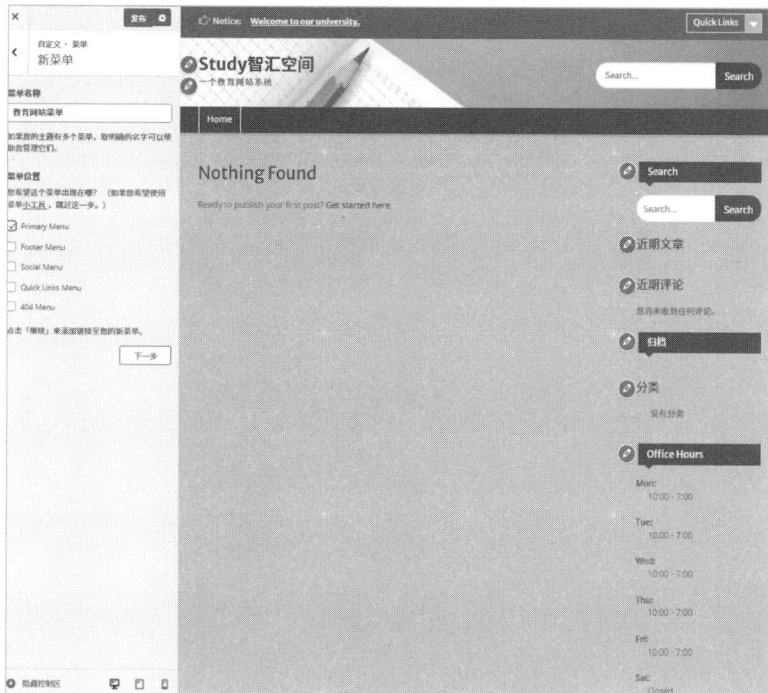

图 5-31　创建新菜单并选择位置

单击"下一步"按钮，管理员可以为菜单添加项目，如图 5-32 所示。

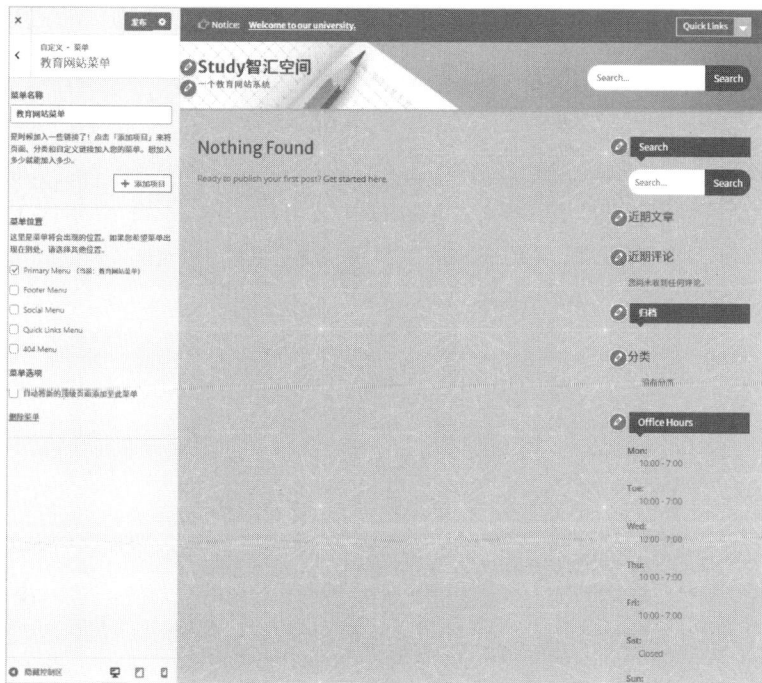

图 5-32　添加项目

单击"添加项目"按钮，可以将页面、分类和自定义链接加入菜单中，单击页面名称前的
"+"号按钮即可添加到菜单，如图 5-33 所示。

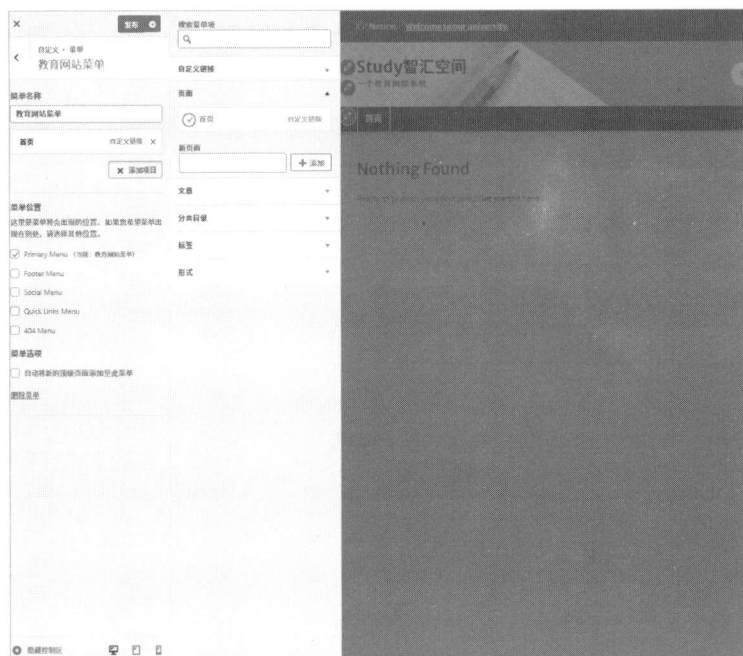

图 5-33　添加项目到菜单

　　管理员还可以在"新页面"输入框中输入名称，单击"添加"按钮添加新项目，如图 5-34 所示。

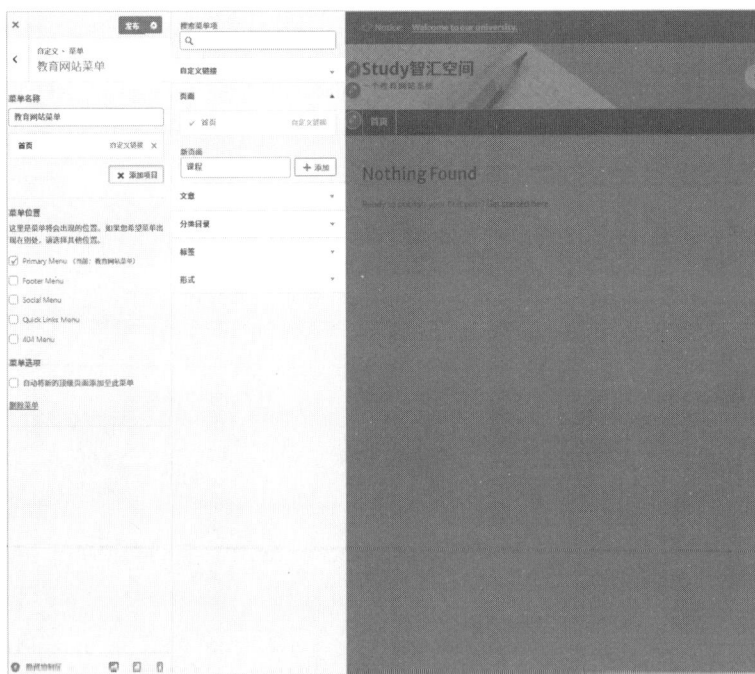

图 5-34　添加新页面

　　添加完成后，单击"×添加项目"按钮，顶部菜单显示已添加的项目，即"首页"和"课程"，如图 5-35 所示。

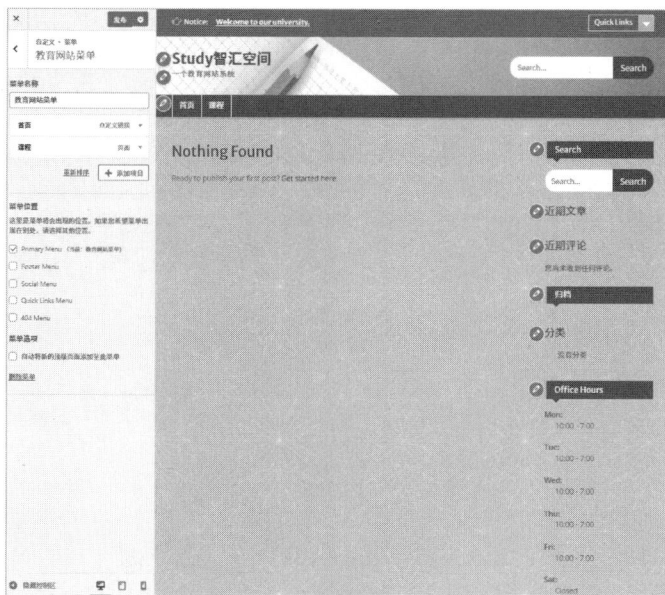

图 5-35　菜单设置完成

这里菜单只添加一个用于测试，用户可以根据需求再添加。

9. 小工具

在 WordPress 后台管理中，有两个地方出现"小工具"，分别是"外观—小工具"和"外观—自定义—小工具"功能。两者功能基本相近，但后者能够预览效果。

在"自定义"页面，单击"小工具"按钮，进入小工具功能页，管理员可以对 Primary Sidebar（主侧边栏）设置，如图 5-36 所示。

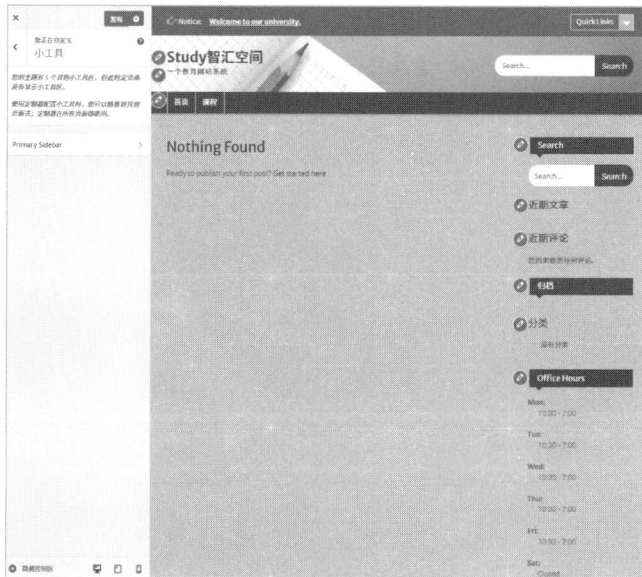

图 5-36　小工具页面

在"小工具"页面，单击"Primary Sidebar"按钮进入主侧边栏设置页面，管理员单击"+"按钮可以在侧边栏添加区块、区块样板和媒体，如图 5-37 所示。

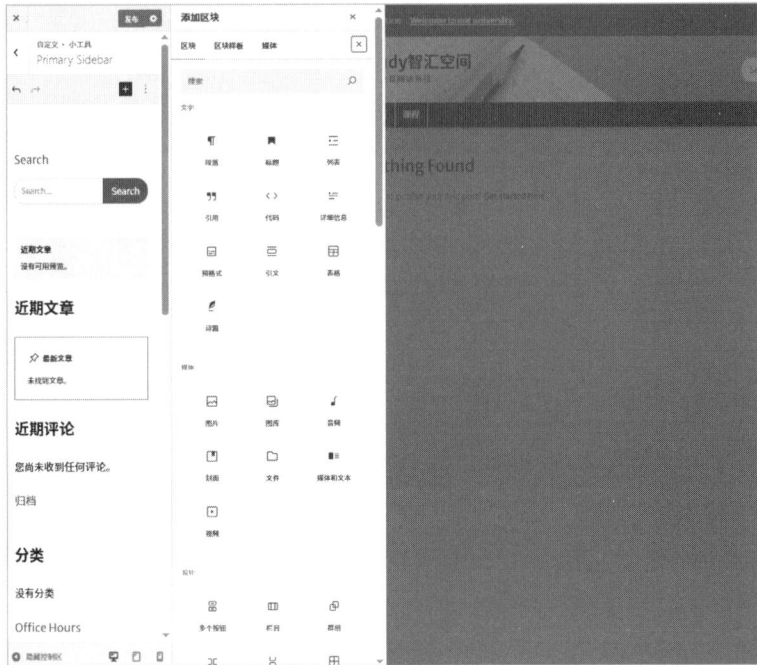

图 5-37　添加区块

单击"区块"按钮，管理员可以对区块进行拖动、下移、在之前添加、重命名、删除等多种操作，如图 5-38 所示。

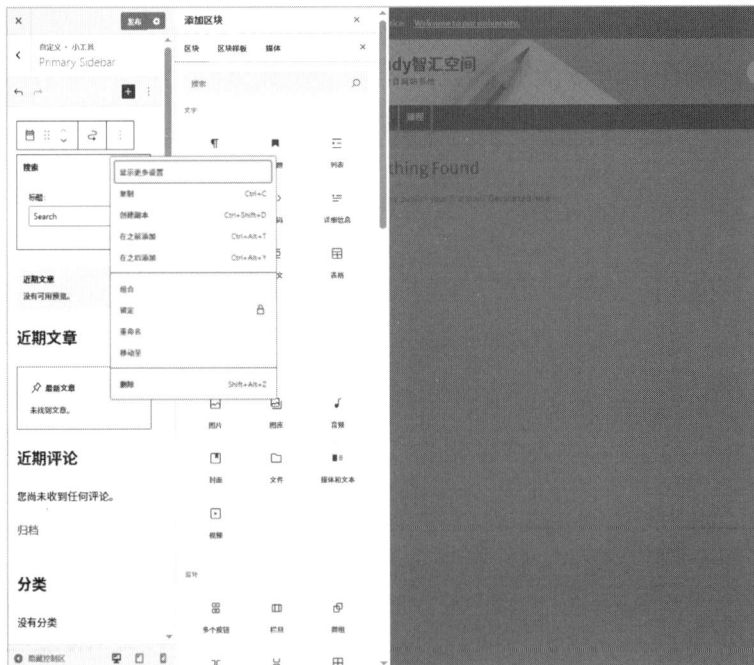

图 5-38　对区块的操作

对于不需要的区块，管理员可进行删除，这里只保留"Search""近期文章""近期评论""归档""分类"和"Office Hours"模块，如图 5-39 所示。

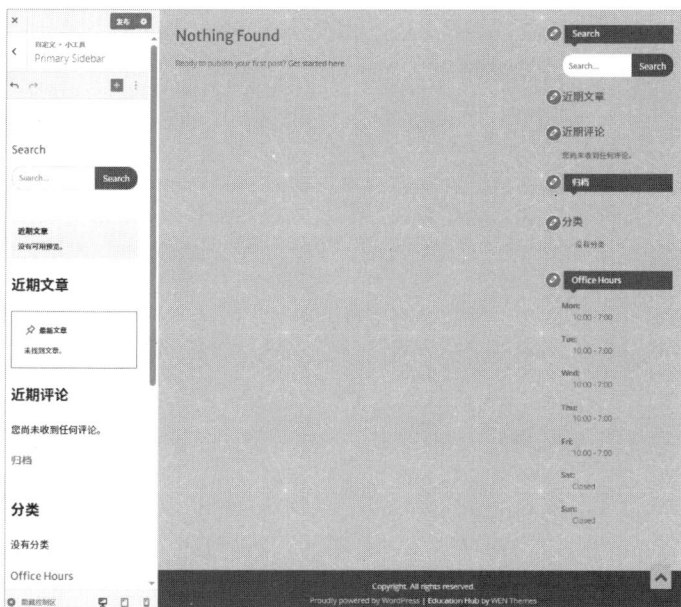

图 5-39　删除不需要区块

10. 主页设置

在"自定义"页面，单击"主页设置"按钮，进入主页设置功能页，管理员可以设置主页显示内容，管理员可以设置主页显示为"您的最新文章"和"一个静态页面"，假如此处将主页显示为"您的最新文章"，如图 5-40 所示。

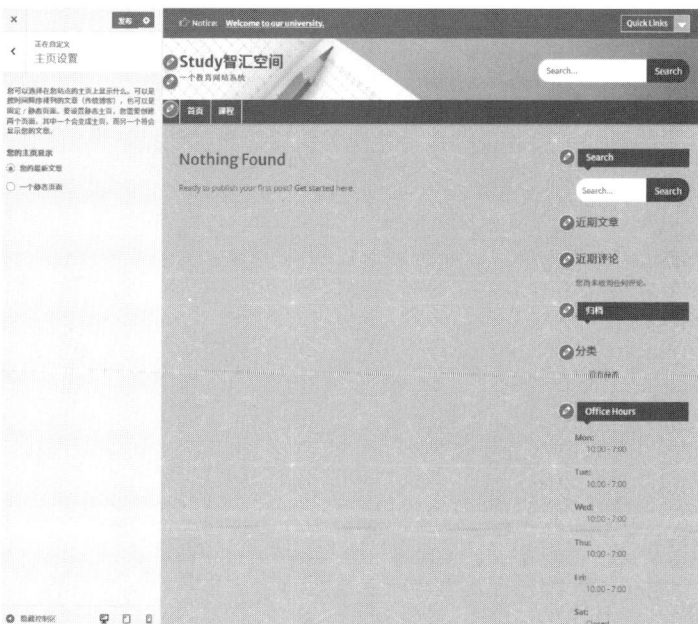

图 5-40　主页设置

假如此处将显示内容设置为"一个静态页面"，在"主页"下拉框中选择为"课程"，效果如图 5-41 所示。

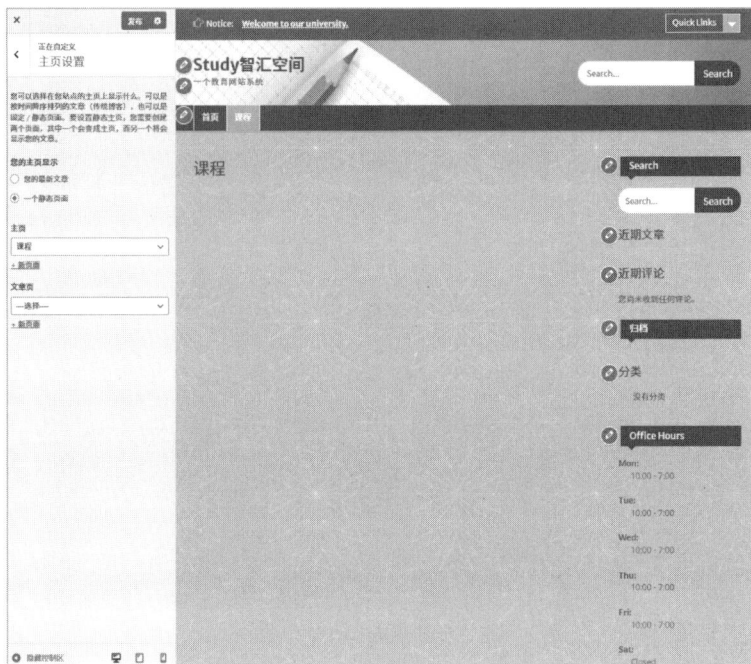

图 5-41　主页设置为静态页面

11. 额外 CSS

在"自定义"页面，单击"额外 CSS"按钮，进入 CSS 功能页，管理员可以添加自己的 CSS 代码，以自定义外观和布局，如图 5-42 所示。

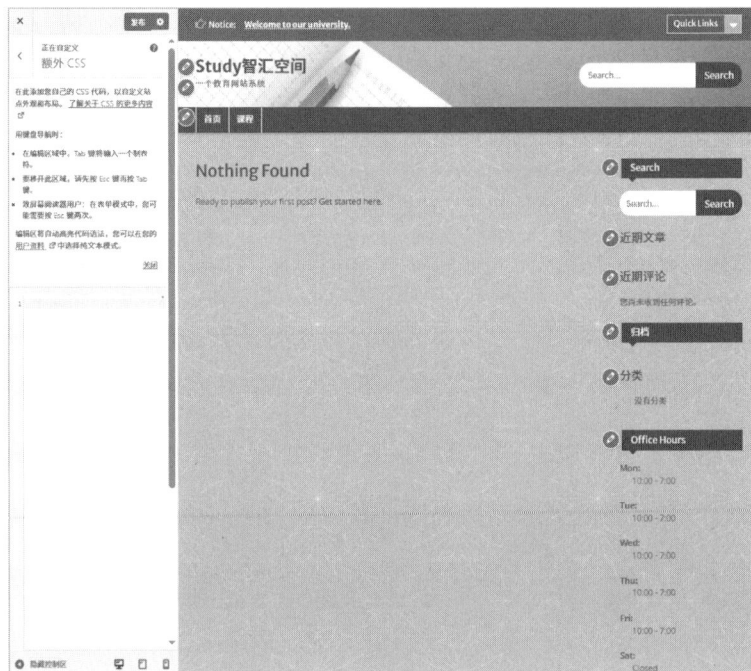

图 5-42　自定义额外 CSS

全部设置完成后单击左上角"发布"按钮，显示"已发布"则发布成功，如图 5-43 所示。

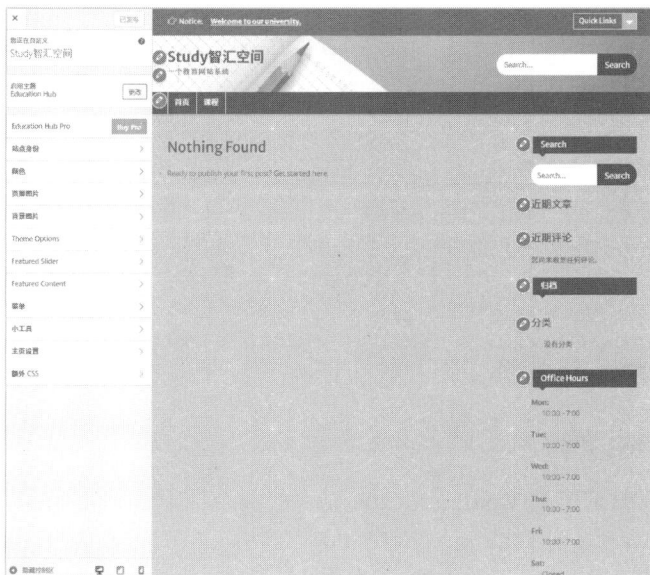

图 5-43　自定义主题发布

5.3.3　菜单

在 WordPress 后台管理页面，单击"外观"菜单下的"菜单"按钮，选择"教育网站菜单"，管理员可以在左侧添加所需的菜单项，包括页面、自定义链接等，单击"添加至菜单"按钮将页面添加到菜单中，对于不需要的页面，管理员可以单击"移除"按钮移除菜单项，如图 5-44 所示。

图 5-44　选择菜单并添加菜单项

在菜单下方位置，管理员可以设置显示位置，勾选相应的菜单位置，如图 5-45 所示。

设置完成后，单击"保存菜单"按钮即可完成菜单的设置。菜单设置完成后，用户在前台页面可以查看设置好的菜单，如图 5-46 所示。

图 5-45　设置菜单显示位置

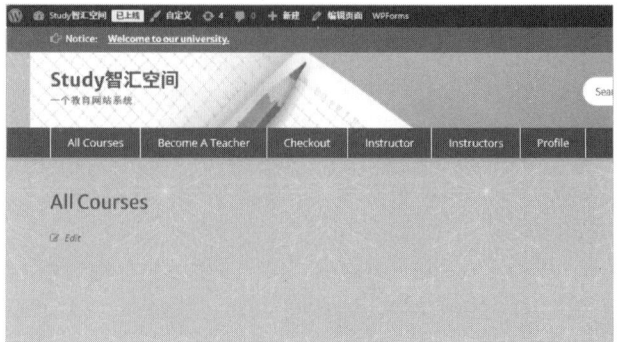

图 5-46　教育网站首页

5.3.4　主题文件编辑器

WordPress 主题编辑器是 WordPress 仪表板内的一个简单文本编辑器，允许用户自定义 WordPress 主题文件以实现他们所需的外观和功能。在这里，可以修改样式表、模板函数、404 模板、归档、评论、主题页脚、主题页眉、首页模板、单独页面、搜索结果、搜索框、边栏、文章页面等。

单击"外观"菜单下的"主题文件编辑器"按钮，进入编辑主题页面，在页面中可以看到编辑主题的名称"Education Hub"，页面右侧显示主题文件，左侧显示所选主题文件名和代码内容，如图 5-47 所示。

图 5-47　主题文件编辑器

第 **6** 章

教育网站核心：管理系统插件安装

本章概述

在构建专业教育平台的过程中，功能强大的管理系统是支撑在线学习生态的"智慧中枢"。本章将带您完成教育类核心插件的安装与配置，为您的教学业务打造完整的数字化管理闭环。通过本章的学习，您将获得一个功能完善、扩展性强的教育管理后台，从而大幅提升教学管理效率和学员学习体验。

知识导读

本章要点（已掌握的在方框中打钩）

☐ LearnPress 插件的概念

☐ LearnPress 插件的安装

☐ LearnPress 插件的功能

6.1 安装插件拓展网站功能

在搭建在线教育网站时，WordPress 的强大之处在于其丰富的插件生态系统。通过安装合适的插件，你可以轻松扩展网站功能，满足在线课程平台的需求。本节将详细介绍如何安装和配置插件，以增强你的在线教育网站的功能。

6.1.1 LearnPress 插件概念

LearnPress 是一款免费的 WordPress 插件，专为在线教育设计，支持课程创建、学生管理、测验和证书颁发等功能。以下是 LearnPress 的核心功能。

（1）课程管理：创建和管理课程，支持视频、文档、测验等多种内容形式。

（2）学生管理：记录学生的学习进度和成绩。

（3）支付集成：支持 WooCommerce 支付，轻松实现课程销售。

（4）扩展功能：通过附加插件支持证书颁发、作业提交和课程预览等高级功能。

（5）适用场景：适合个人讲师、培训机构或学校创建在线课程平台。

6.1.2 LearnPress 插件安装

在 WordPress 后台管理页面，单击"插件"菜单下的"安装新插件"按钮进入安装插件页面。在搜索框中输入"LearnPress"，单击"立即安装"按钮，安装完成后单击"启用"按钮，如图 6-1 所示。

插件启用成功，菜单栏显示 LearnPress 功能，如图 6-2 所示。

图 6-1　安装 LearnPress 插件　　　　图 6-2　LearnPress 插件功能

6.2　LearnPress 插件功能

LearnPress 是一款强大的 WordPress 在线教育插件，其专为创建和管理在线课程而设计。它支持课程创建、测验和作业等功能，能够帮助用户轻松搭建专业的在线教育平台，满足教学与学习的多样化需求。

6.2.1 设置

单击"LearnPress"菜单下的"设置"按钮，可以对主要、课程、资料、付款、电子邮件、Permalinks 和高级进行设置。

1. 主要

单击"主要"选项卡，进入主要设置，包括对 Pages setup（页面设置）、货币和其他的设置。

首先是对页面的设置，主要是设置"页面的位置"，并且可以单击"Edit page"按钮编辑页面，单击"View page"按钮查看页面，单击"Create new"按钮创建新页面，如图 6-3 所示。

然后是对"货币的设置"，主要设置币种位置和符号，这里将货币设置为"中国人民币￥"，其他保持默认，修改完成后单击"保存设置"按钮，如图 6-4 所示。

2. 课程

单击"课程"选项卡，进入课程设置，包括主要设置、课程设置和讲师设置，用户可以根据需求设置布局、课程展示方式、每页课程数、每页讲师数等，设置完成后单击"保存设置"按钮，如图 6-5 所示。

3. 资料

单击"资料"选项卡，进入资料设置，主要可以设置用户头像尺寸、封面尺寸，是否启用登录和注册表单、启用默认字段、添加注册字段等，用户根据需求设置，设置完成后单击"保存设置"按钮，如图 6-6 所示。

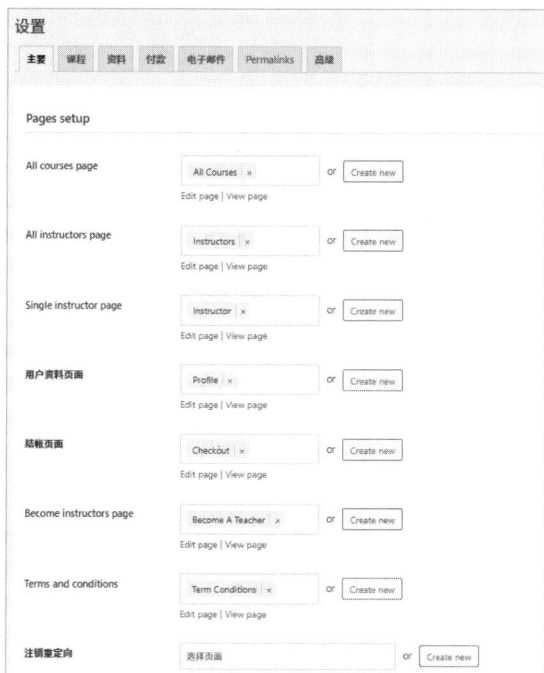

图 6-3　页面设置

图 6-4　货币设置

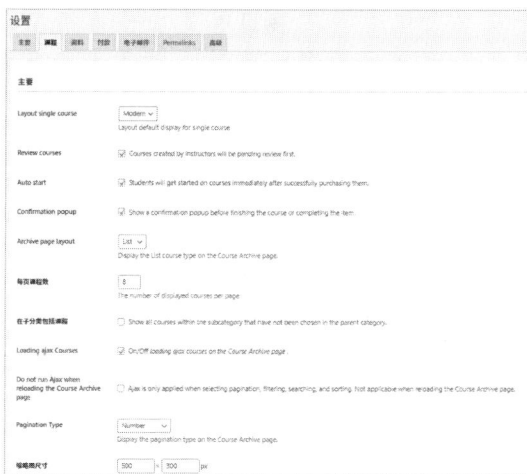

图 6-5　课程设置

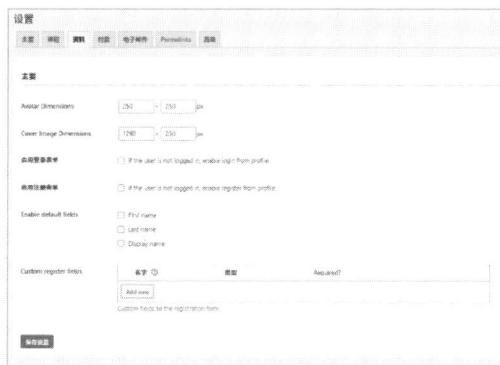

图 6-6　资料设置

4. 付款

单击"付款"选项卡，进入付款设置，主要可以设置付款方式，包括 PayPal 和 Offline Payment（离线支付），这里两个付款方式都勾选，设置完成后单击"保存设置"按钮，如图 6-7 所示。

单击"Offline Payment"按钮进入离线支付设置页面，在 Instruction 中输入使用说明，用户在提交订单后会出现此说明，设置完成后，单击"保存设置"按钮，如图 6-8 所示。

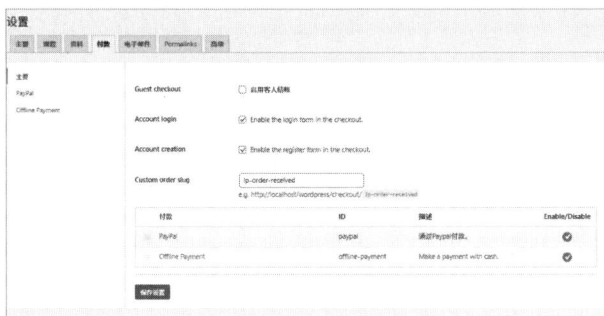

图 6-7 付款设置

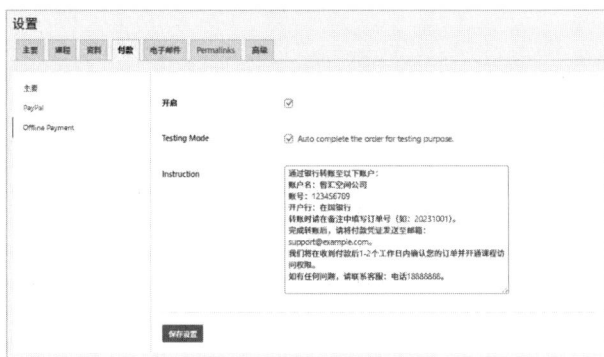

图 6-8 离线付款设置

5. 电子邮件

单击"电子邮件"选项卡，进入电子邮件设置，左侧包括主要、新订单、处理订单等。

"主要"包括对电子邮件发送人选项设置和电子邮件模板设置，还可以勾选发送邮件类型，如图 6-9 所示。

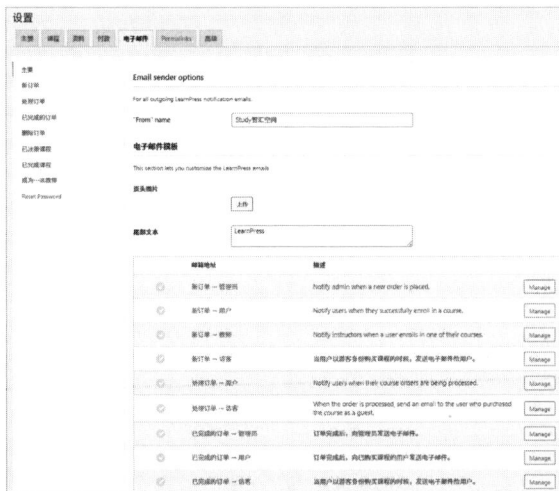

图 6-9 电子邮件设置

"新订单"可以设置对"管理员""用户""教师"和"访客"发送的邮件内容，用户可以根据需求更改标题、正文内容等，修改完成后单击"保存设置"按钮，如图 6-10 所示。

处理订单、已完成订单、删除订单、已注册课程、已完成课程、成为一名教师、Reset Password 的设置与新订单的设置操作一致。

6. Permalinks

单击"Permalinks"选项卡，进入固定链接设置，包括固定链接课程、永久链接配置文件的设置，一般保持默认，用户修改后单击"保存设置"按钮，如图 6-11 所示。

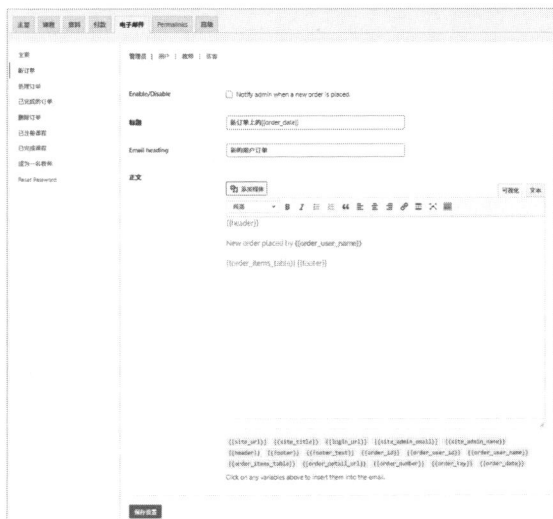

图 6-10　新订单设置

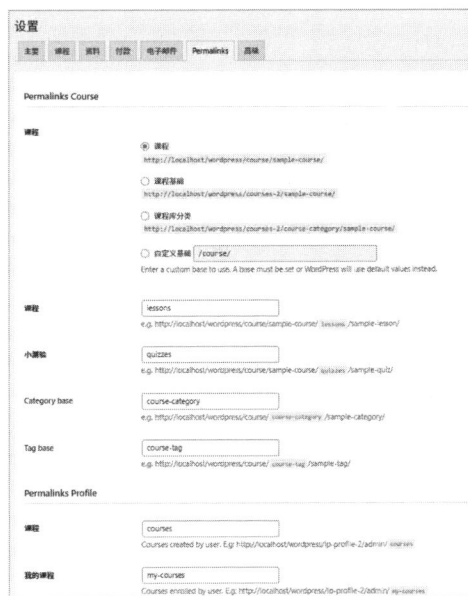

图 6-11　固定链接设置

7. 高级

单击"高级"选项卡，进入高级设置，管理员可以修改容器宽度、颜色及其他设置，用户修改后单击"保存设置"按钮，如图 6-12 所示。

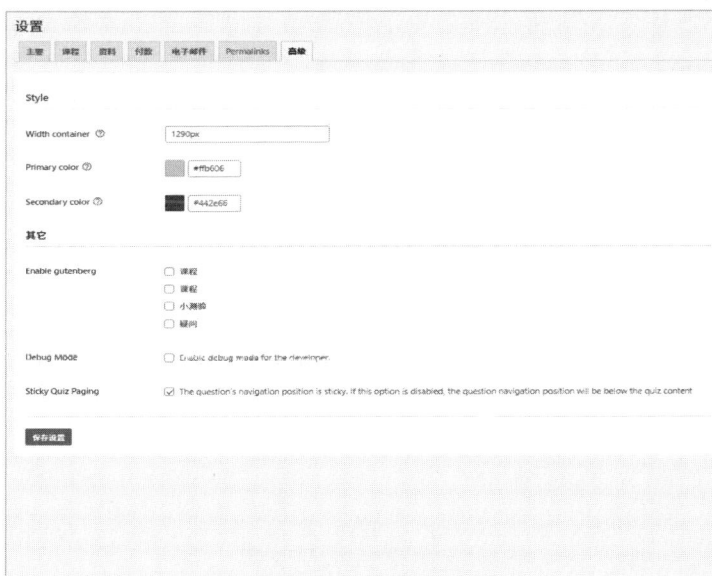

图 6-12　高级设置

6.2.2 课程

单击"LearnPress"菜单下的"课程"按钮，进入课程页面，页面显示课程缩略图、标题、作者、正文、学生、价钱、目录、评论及日期等信息，如图 6-13 所示。

单击"添加新课程"按钮进入添加新课程页面，在页面中，管理员可以进行添加课程标题、课程描述、课程设置、课程章节、摘要等操作，如图 6-14 所示。

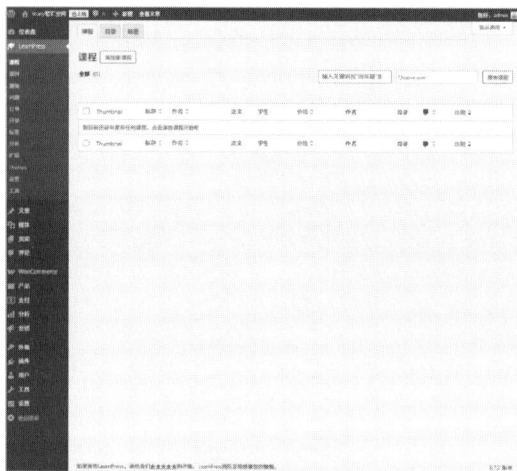

图 6-13　课程页面

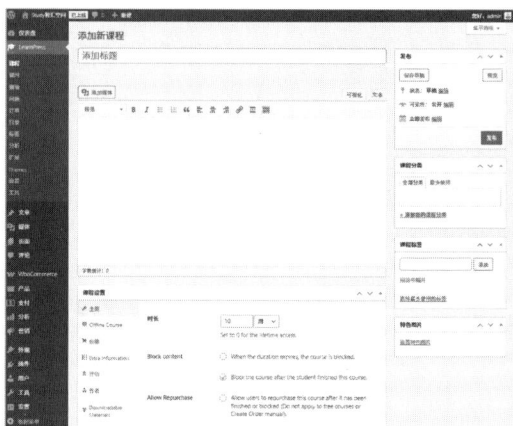

图 6-14　添加新课程页面

首先是"添加标题"，在"添加标题"输入框中输入新课程名称，这里输入"WordPress 学习课程"，如图 6-15 所示。

图 6-15　添加标题

接着是"课程描述"，在内容编辑器中详细描述课程内容，在这里输入"这是一个关于学习 WordPress 的课程"，如图 6-16 所示。

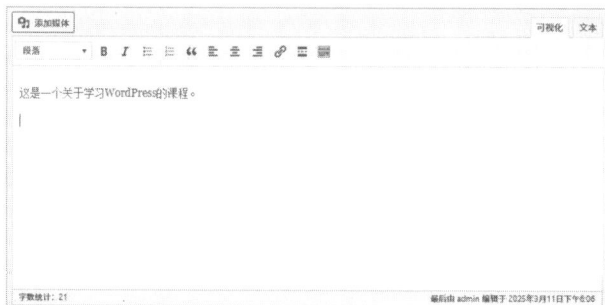

图 6-16　添加课程描述

管理员还可以为课程描述添加图片，单击"添加媒体"按钮进入添加媒体页面，管理员可以选择添加媒体、创建相册、创建音频播放列表、创建视频播放列表、特色图片和从 URL 插入，如图 6-17 所示。

上传完成后，单击"插入至文章"按钮，内容编辑器中显示所插入的图片，如图 6-18 所示。

图 6-17　添加媒体页面

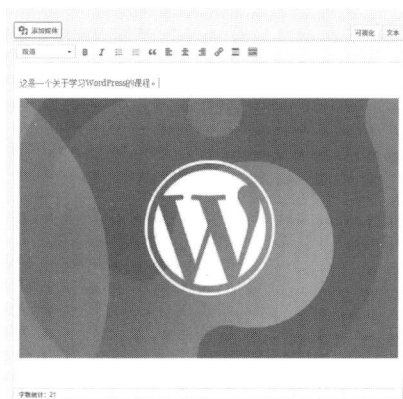

图 6-18　添加图片成功

接着是"课程设置"，课程设置包括主要、Offline Course、价格、Extra information、评估、作者和 Downlodable Materials 的设置。

（1）单击"主要"按钮进入课程的主要设置，管理员可以设置课程时长、回购设置、回购课程进度设置、级别、参与课程人数、课程最大参与人数、完成按钮设置、特色列表、特色评论、外部链接等，这里用户可以根据需要设置，如图 6-19 所示。

（2）单击"Offline Course"按钮进入课程的离线设置，管理员可以根据需求勾选"启用离线课程"，勾选启用离线课程后，管理员可以设置课程的课时、课程传授方式、地址，这里一般不勾选"启用离线课程"，如图 6-20 所示。

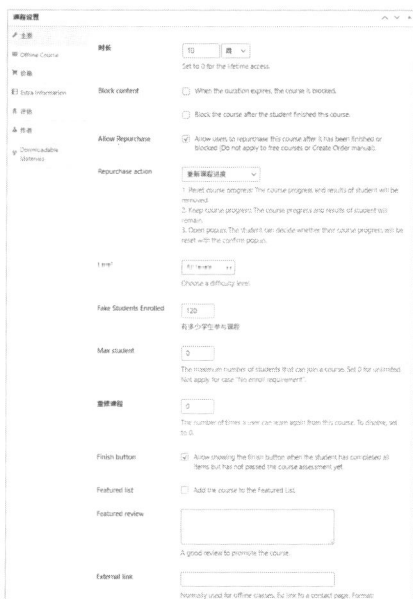

图 6-19　主要设置

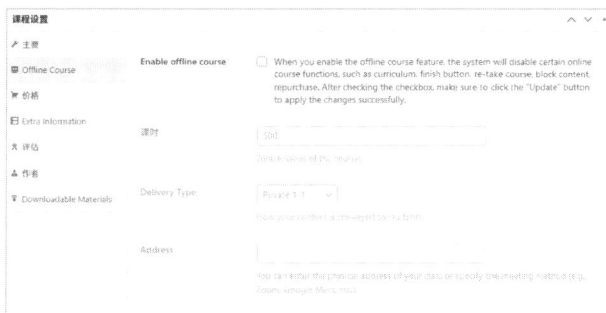

图 6-20　离线课程设置

（3）单击"价格"按钮进入课程的价格设置，管理员可以设置课程正常价格、销售价格、价格前缀、价格后缀和入学要求，如图 6-21 所示。

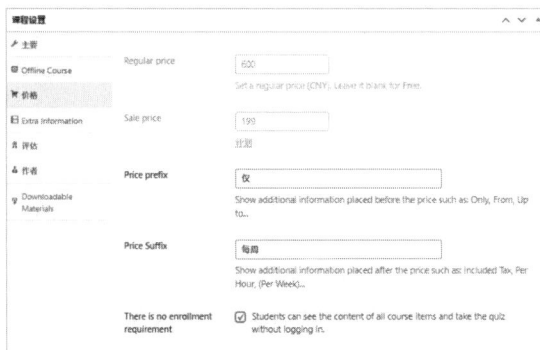

图 6-21　价格设置

（4）单击"Extra information"按钮进入课程的额外信息设置，管理员可以单击"添加更多"按钮设置课程必要条件、目标受众、主要特点、常见问题解答，如图 6-22 所示。

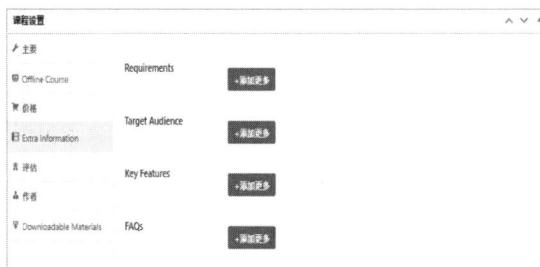

图 6-22　额外信息设置

（5）单击"评估"按钮进入课程的评估设置，管理员可以选择"评估方式"和"及格率"，如图 6-23 所示。

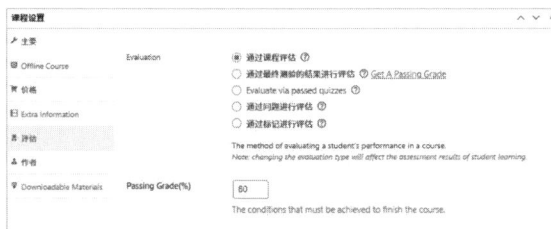

图 6-23　评估设置

（6）单击"作者"按钮进入作者设置，管理员可以选择"课程作者"，如图 6-24 所示。

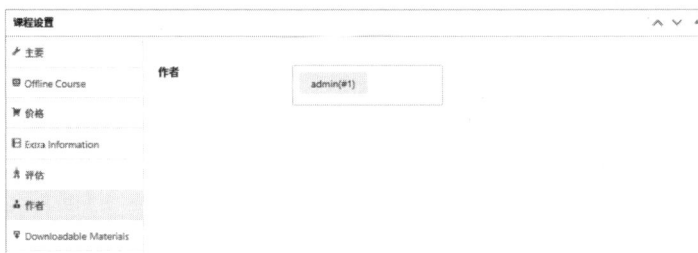

图 6-24　作者设置

（7）单击"Downlodable Materials"按钮进入课程下载材料设置，管理员可以单击"Add Course Materials"按钮上传课程资料，如图 6-25 所示。

图 6-25　下载资料设置

接着是"课程章节"，在"Creat a new section"处输入章节名称，如图 6-26 所示。

图 6-26　课程章节设置

输入章节名称后，单击 Enter 键，进入"章节说明"部分，如图 6-27 所示。

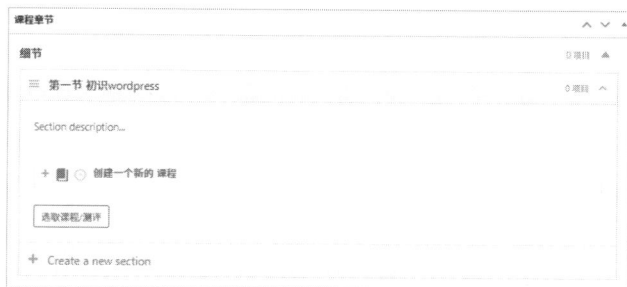

图 6-27　章节说明设置

在"Section description"处输入章节的描述，并单击"+"号旁边的小图标或者"选取课程 / 测评"按钮为章节添加课程 / 测评，值得注意的是课程和测评，需要在添加课时和测验后才能选取，如图 6-28 所示。

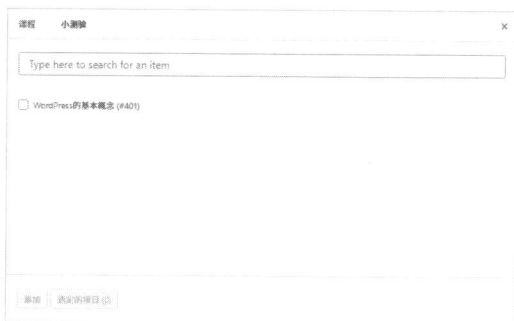

图 6-28　添加课程和测验

勾选"课程"或"测验"，单击"添加"或"选定的项目"按钮添加课程和测验或查看所选项目，如图 6-29 所示。

　　添加完成后，管理员可以在课程后单击眼睛小图标对课程"可见性"进行设置；也可以单击课程和小测验后的小图标对课程和测验进行"编辑"和"删除"操作，也可以单击"删除"按钮对整个课程删除，如图 6-30 所示。

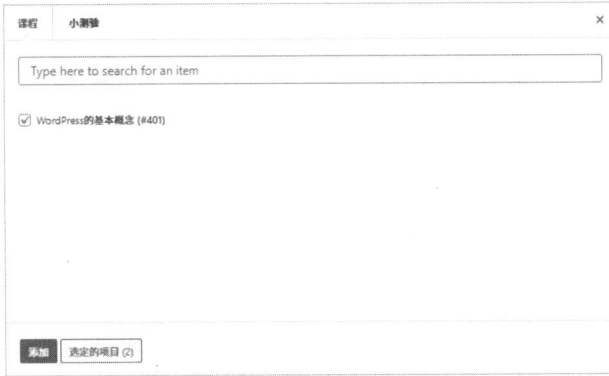

图 6-29　添加课程和测验

图 6-30　课程和测验操作

　　设置"摘要"，在"摘要"输入框处输入课程摘要，如图 6-31 所示。

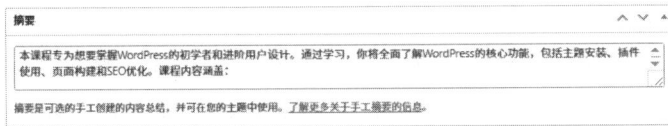

图 6-31　课程摘要

　　设置"讨论"，管理员可以设置勾选"允许评论"和"允许 Trackback 和 Pingback"，如图 6-32 所示。

图 6-32　讨论设置

　　设置"评论"，管理员单击"添加评论"按钮为课程添加评论，如图 6-33 所示。

图 6-33　评论设置

　　单击"添加评论"按钮后在编辑器中输入评论，再单击底部的"添加评论"按钮添加评论，如图 6-34 所示。

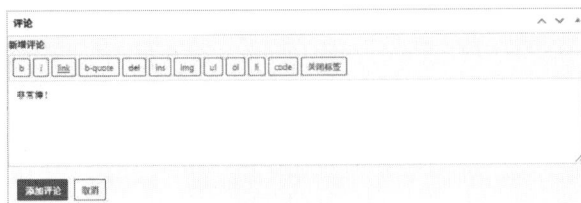

图 6-34　添加评论

单击"添加评论"后，评论添加成功，管理员可以查看评论，并对评论进行驳回、回复、快速编辑、编辑、标记为垃圾、移至回收站操作，如图 6-35 所示。

图 6-35　对评论的操作

设置"作者"，管理员通过下拉框设置作者，如图 6-36 所示。

图 6-36　作者设置

设置"发布"，管理员可以单击"预览"按钮查看课程，单击"保存草稿"按钮保存课程草稿，还可以单击"编辑"按钮设置课程的"状态""可见性"和"发布时间"，如图 6-37 所示。

单击可见性后的"编辑"按钮，对课程的可见性设置，包括"公开""密码保护"和"私密"，其中密码保护即输入密码后才能查看课程，如图 6-38 所示。

设置"课程分类"，管理员单击"+ 添加新的课程分类"按钮添加课程分类，在输入框中输入课程分类名称后，单击"添加新的课程分类"按钮即可添加，如图 6-39 所示。

图 6-37　发布设置　　　　　图 6-38　可见性设置　　　　　图 6-39　添加课程分类

添加成功后，显示并勾选新的课程分类"wordpress 课程"，如图 6-40 所示。

然后是"课程标签"，管理员在输入框中输入标签名称后，单击"添加"按钮即可添加，如图 6-41 所示。

添加成功后，显示新的课程标签"wordpress"，如图 6-42 所示。

最后是"特色图片"，管理员可以单击"设置特色图片"按钮添加特色图片，如图 6-43 所示。

单击"设置特色图片"按钮，进入上传文件页面，选择并上传文件，设置特色图片成功，如图 6-44 所示。

图 6-40　课程分类添加成功　　　　图 6-41　添加课程标签　　　　图 6-42　课程标签添加成功

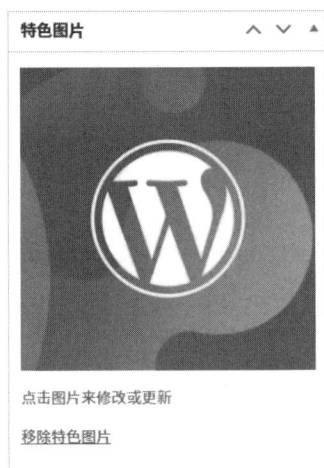

图 6-43　设置特色图片功能　　　　　　　　　图 6-44　设置特色图片

设置完成后单击"发布"按钮，课程发布成功，管理员可以单击上方"查看文章"按钮或单击"预览更改"按钮查看，如图 6-45 所示。

图 6-45　课程发布成功

课程发布成功后，单击"LearnPress"菜单下的"课程"按钮，管理员可以看到课程的 Thumbnail（缩略图）、标题、作者、正文、学生、价钱、作者、目录、评论、日期等详细信息，如图 6-46 所示。

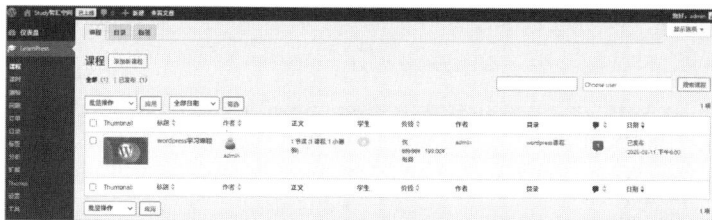

图 6-46　课程页面

在课程页面，管理员可以对课程进行批量操作，包括编辑和移至回收站操作，勾选课程复选框后，选择相应操作，单击"应用"按钮即可完成操作；管理员还可以将鼠标指针移到课程标题上，包括编辑、快速编辑、移至回收站、查看、Duplicate（复制）操作，单击操作名称即可完成相应操作，如图 6-47 所示。

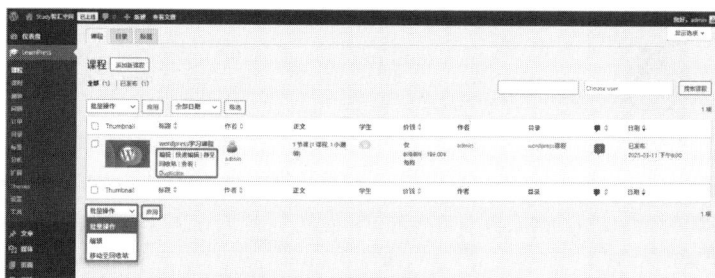

图 6-47　课程相应操作

如果管理员想对课程进行排序、筛选或搜索操作，可以通过标题、作者、价钱、评论、日期及关键词进行排序、筛选或搜索操作，如图 6-48 所示。

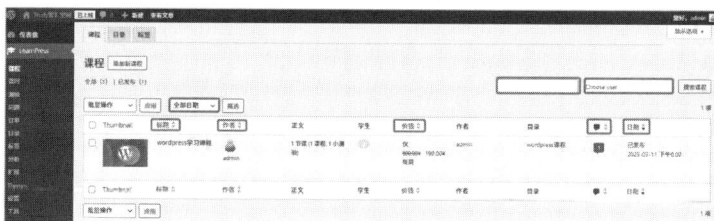

图 6-48　课程排序、筛选或搜索操作

6.2.3　课时

单击"LearnPress"菜单下的"课时"按钮，进入课时页面，页面显示课时标题、作者、所属课程、格式、时长、预览、评论及日期等信息，如图 6-49 所示。

图 6-49　课时页面

单击"添加课程"按钮进入添加课时页面，在添加课时页面可以设置课时标题、课时描述、课时设置、讨论和发布设置，如图 6-50 所示。

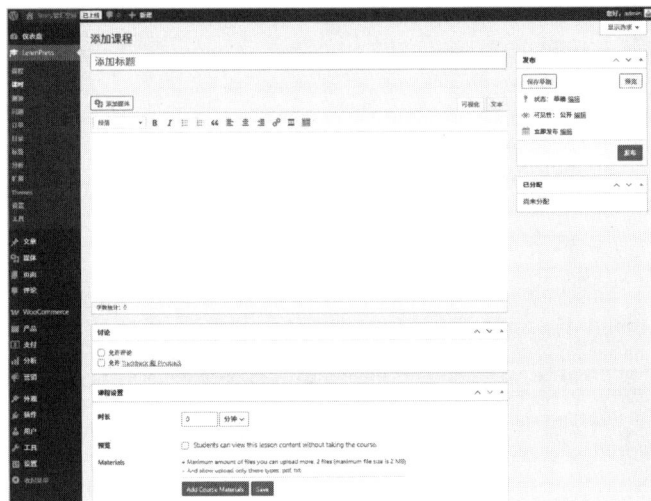

图 6-50　添加课时页面

首先是"添加标题"，在添加标题输入框中输入新课时名称，这里输入"WordPress 的基本概念"，如图 6-51 所示。

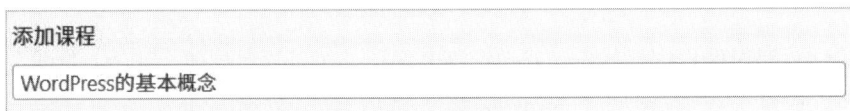

图 6-51　添加标题

接着是"课时描述"，在内容编辑器中详细描述课时内容，如图 6-52 所示。

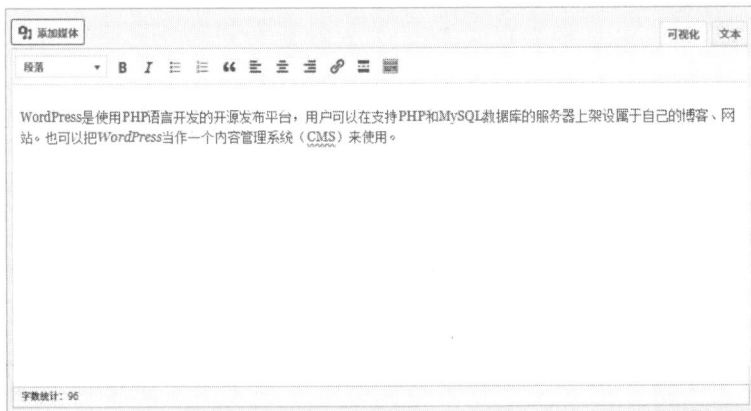

图 6-52　添加课时描述

管理员还可以为课时描述添加图片，单击"添加媒体"按钮进入添加媒体页面，管理员可以选择添加媒体、创建相册、创建音频播放列表、创建视频播放列表、特色图片和从 URL 插入，如图 6-53 所示。

上传完成后，单击"插入至页面"按钮，内容编辑器中显示所插入的图片，如图 6-54 所示。

图 6-53　添加媒体页面

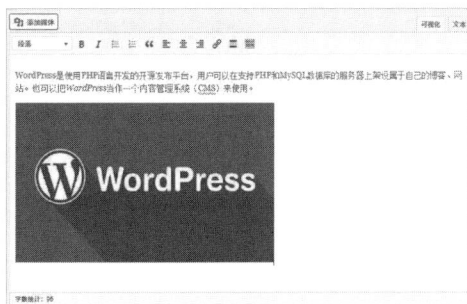

图 6-54　添加图片成功

接着是"讨论"，管理员可以设置勾选"允许评论"和"允许 Trackback 和 Pingback"，如图 6-55 所示。

图 6-55　讨论设置

然后是"课程设置"，管理员可以设置课程时长、预览，管理员可以单击"Add Course Materials"按钮上传资料，如图 6-56 所示。

最后是"发布"设置，管理员可以单击"预览"按钮查看课程，单击"保存草稿"按钮保存课程草稿，还可以单击"编辑"按钮设置课程的"状态""可见性"和"发布时间"，如图 6-57 所示。

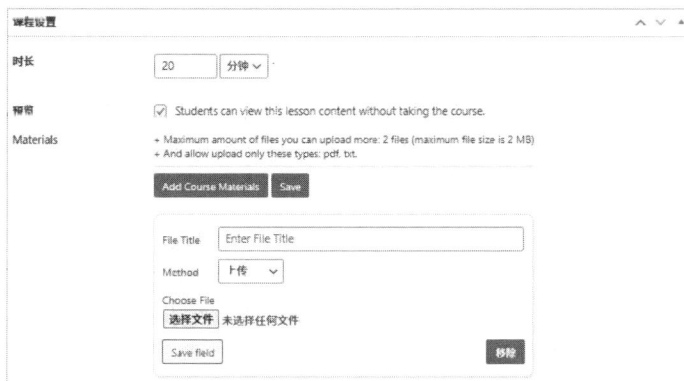

图 6-56　课程设置

图 6-57　发布设置

设置完成后单击"发布"按钮，课程发布成功，管理员可以单击上方"查看文章"按钮或单击"预览更改"按钮查看，如图 6-58 所示。

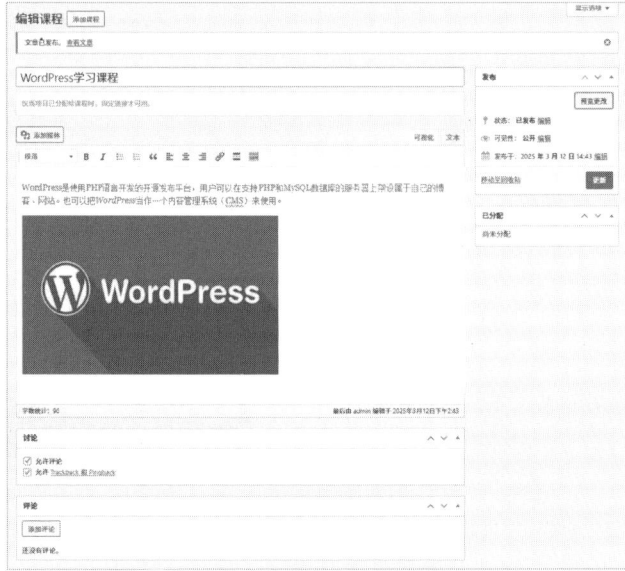

图 6-58　课时发布成功

课时发布成功后，单击"LearnPress"菜单下的"课时"按钮，管理员可以看到课时的标题、作者、所属课程、格式、时长、预览、评论、日期等详细信息，如图 6-59 所示。

图 6-59　课时页面

在课时页面，管理员可以对课时进行批量操作，包括编辑和移至回收站操作，勾选课程复选框后，选择相应操作，单击"应用"按钮即可完成操作；管理员还可以将鼠标指针移到课时标题上，包括编辑、快速编辑、移至回收站、查看、Duplicate（复制）操作，单击操作名称即可完成相应操作，如图 6-60 所示。

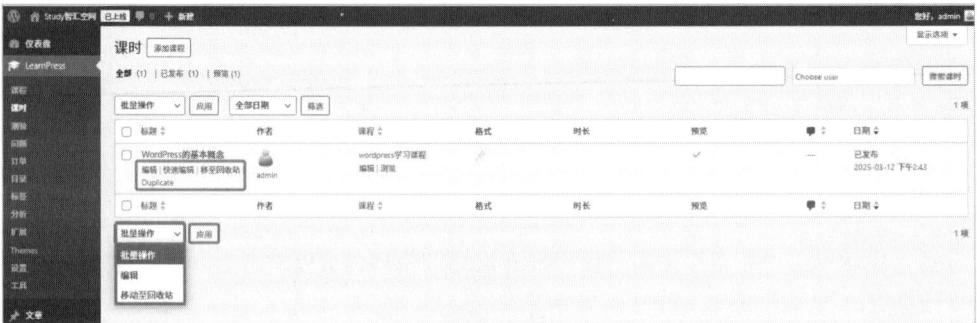

图 6-60　课时相应操作

在此页面，管理员还可以对课程进行编辑和浏览操作，将鼠标指针移到课程名称上，单击"编辑"和"浏览"按钮完成相应操作，如图 6-61 所示。

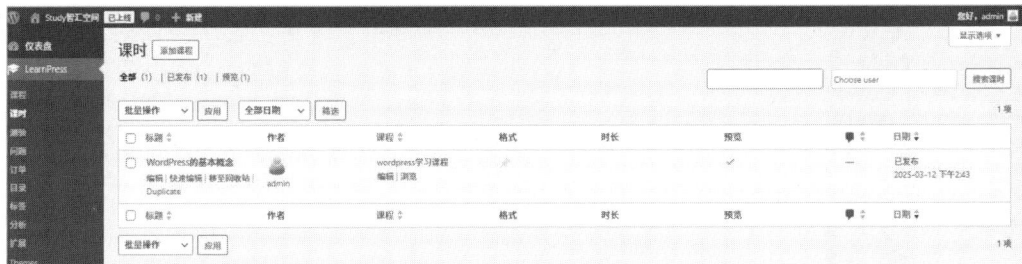

图 6-61 课程编辑和浏览操作

如果管理员想对课时进行排序、筛选或搜索操作，可以通过标题、课程、评论、日期、关键词及选择用户进行排序、筛选或搜索操作，如图 6-62 所示。

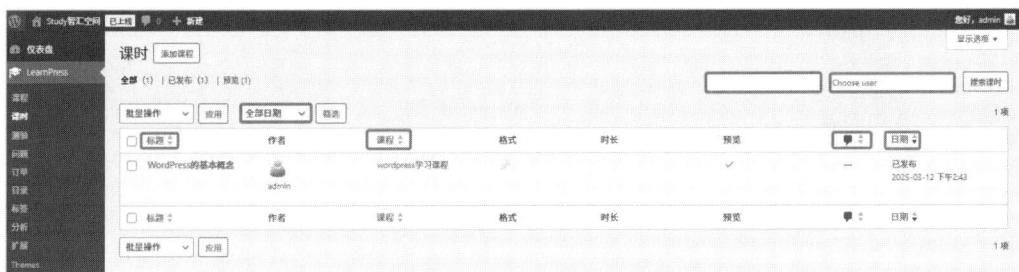

图 6-62 课时排序、筛选或搜索操作

6.2.4 测验

单击"LearnPress"菜单下的"测验"按钮，进入测验页面，页面显示测验标题、作者、所属课程、问题、时长及日期等信息，如图 6-63 所示。

图 6-63 测验页面

单击"添加新测验"按钮进入添加新测验页面，在添加新测验页面可以设置新测验标题、课程描述、问题、Quiz Settings（测验设置）和发布设置，如图 6-64 所示。

首先是"添加标题"，在添加标题输入框中输入新测验名称，这里输入"WordPress 测试 1"，如图 6-65 所示。

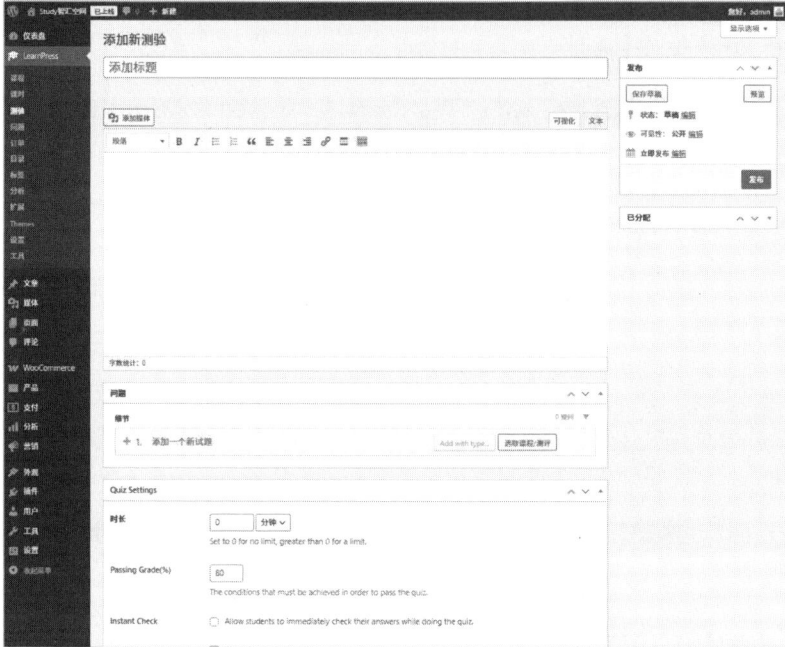

图 6-64　添加新测验页面

图 6-65　添加标题

接着是"新测验描述"，在内容编辑器中详细描述新测验内容，如图 6-66 所示。

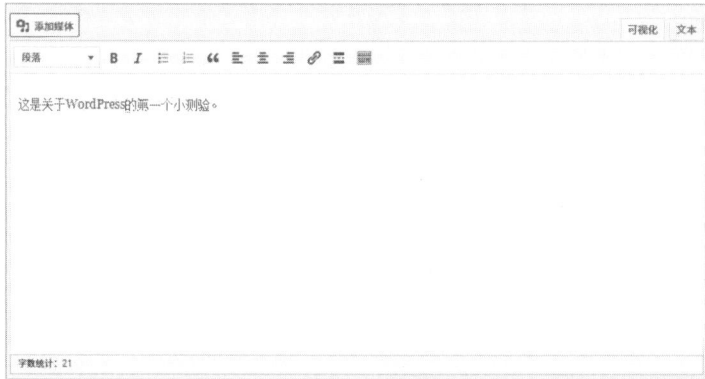

图 6-66　添加测验描述

管理员还可以为测验描述添加图片，单击"添加媒体"按钮进入添加媒体页面，管理员可以选择添加媒体、创建相册、创建音频播放列表、创建视频播放列表、特色图片和从 URL 插入，如图 6-67 所示。

上传完成后，单击"插入至页面"按钮，内容编辑器中显示所插入的图片，如图 6-68 所示。

接着是"问题"，管理员有两种方式"添加问题"，分别是在输入框中直接输入和单击"选取课程 / 测评"按钮添加。

图 6-67　添加媒体页面

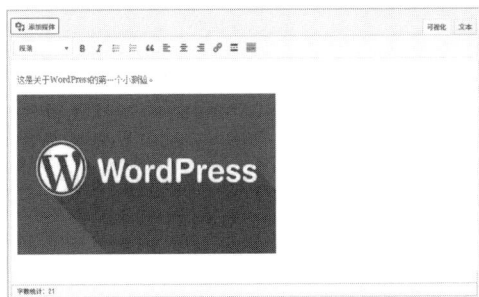

图 6-68　添加图片成功

（1）第一种方式是管理员直接在"添加一个新试题"处输入问题并单击"Add with type"按钮，为问题选择"题目类型"，如图 6-69 所示。

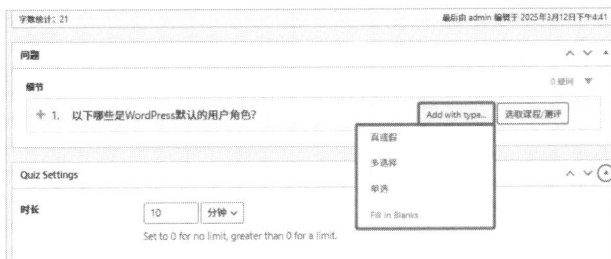

图 6-69　问题类型设置

假如问题选择类型为"多选题"，显示"多选题"设置页面，如图 6-70 所示。

管理员可以在左侧单击"添加选项"按钮或单击选项右侧小图标删除选项，如图 6-71 所示。

图 6-70　多选题设置

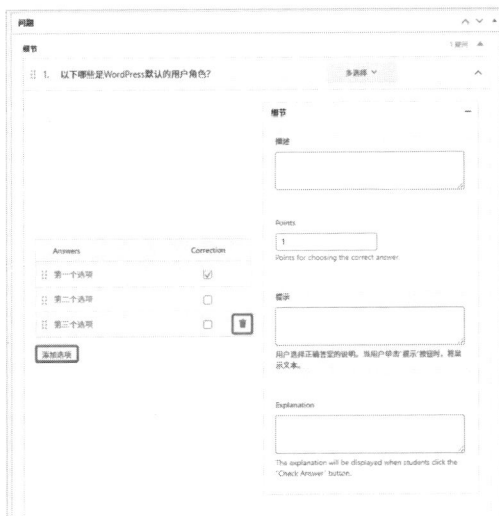

图 6-71　添加或删除选项

管理员可以在左侧设置选项名称并勾选问题的"正确选项"，右侧设置问题描述、points（分值）、提示、解释，如图 6-72 所示。

图 6-72　问题设置

此外，管理员可以通过问题右侧的三个小图标，分别进行"复制""编辑"和"删除"问题，如图 6-73 所示。

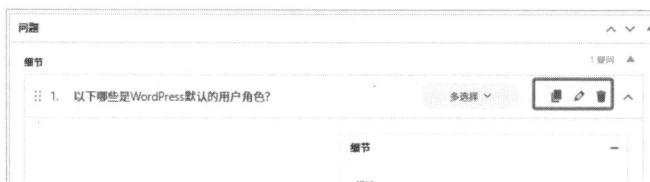

图 6-73　问题的复制、编辑、删除操作

（2）第二种方式是管理员直接单击"选取课程 / 测评"按钮添加问题，需要注意的是，需要先添加问题后才能勾选，如图 6-74 所示。

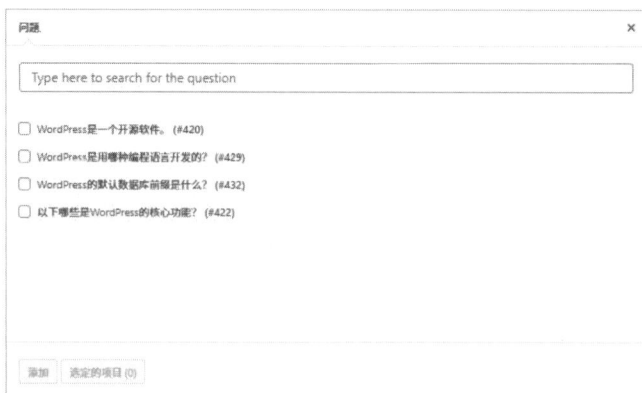

图 6-74　添加问题

勾选问题，单击"添加"或"选定的项目"按钮添加问题，如图 6-75 所示。

图 6-75 勾选问题

添加完成后，在问题处显示已经添加成功的问题，如图 6-76 所示。

图 6-76 添加问题成功

然后是"Quiz Settings（测验设置）"，管理员可以设置测验时长、及格率、即时检查、否定标记、跳过为负、重考次数、每页显示问题数、审核、显示正确答案，如图 6-77 所示。

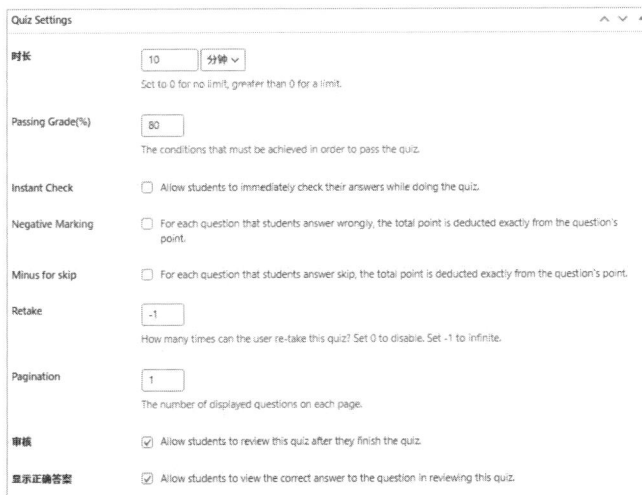

图 6-77 测验设置

最后是"发布"设置，管理员可以单击"预览"按钮查看测验，单击"保存草稿"按钮保存测验草稿，还可以单击"编辑"按钮设置测验的"状态""可见性"和"发布时间"，如图 6-78 所示。

设置完成后单击"发布"按钮，测验发布成功，管理员可以单击上方的"查看文章"按钮或单击"预览更改"按钮查看，如图 6-79 所示。

图 6-78　发布设置　　　　　　　　　　　　图 6-79　测验发布成功

测验发布成功后，单击"LearnPress"菜单下的"测验"按钮，管理员可以看到测验的标题、作者、所属课程、问题（数）、时长、日期等详细信息，如图 6-80 所示。

图 6-80　测验页面

在测验页面，管理员可以对测验进行批量操作，包括编辑和移至回收站操作，勾选测验复选框后，选择相应的操作，单击"应用"按钮即可完成操作；管理员还可以将鼠标指针移到测验标题上，包括编辑、快速编辑、移至回收站、Duplicate（复制）操作，单击操作名称即可完成相应操作，如图 6-81 所示。

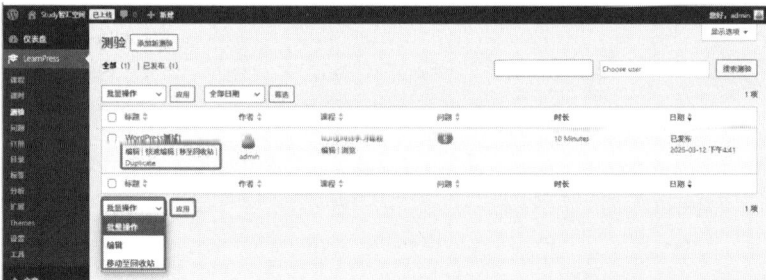

图 6-81　测验相应操作

在此页面，管理员还可以对课程进行编辑和浏览操作，将鼠标指针移到课程名称上，单击"编辑"和"浏览"按钮完成相应操作，如图 6-82 所示。

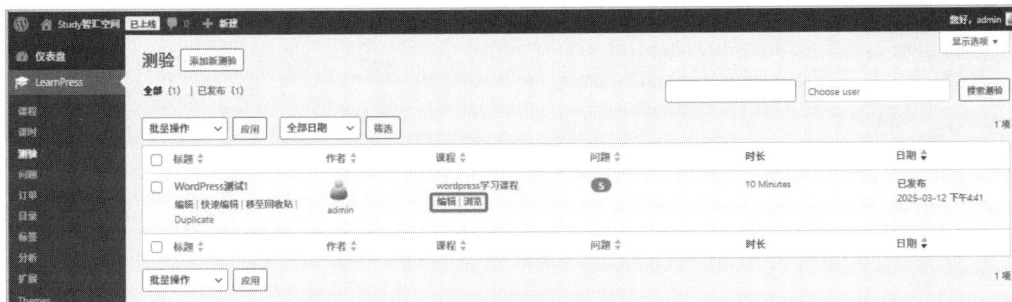

图 6-82　课程编辑和浏览操作

如果管理员想对测验进行排序、筛选或搜索操作，可以通过标题、作者、课程、问题（数）、日期、关键词及选择用户进行排序、筛选或搜索操作，如图 6-83 所示。

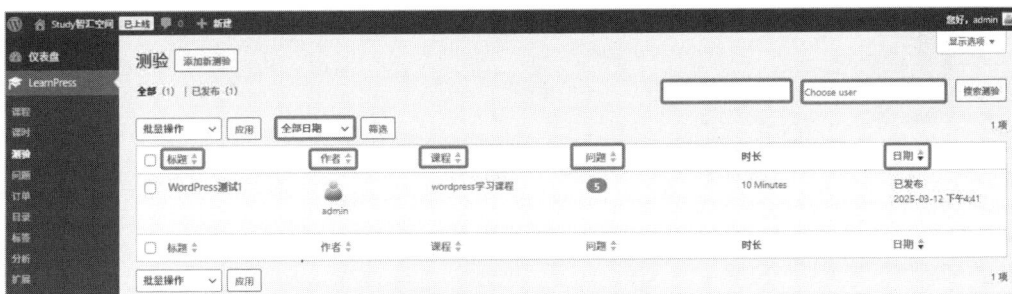

图 6-83　测验排序、筛选或搜索操作

6.2.5　问题

单击"LearnPress"菜单下的"问题"按钮，进入问题页面，页面显示问题标题、作者、小测验、类型、问题标签及日期等信息，如图 6-84 所示。

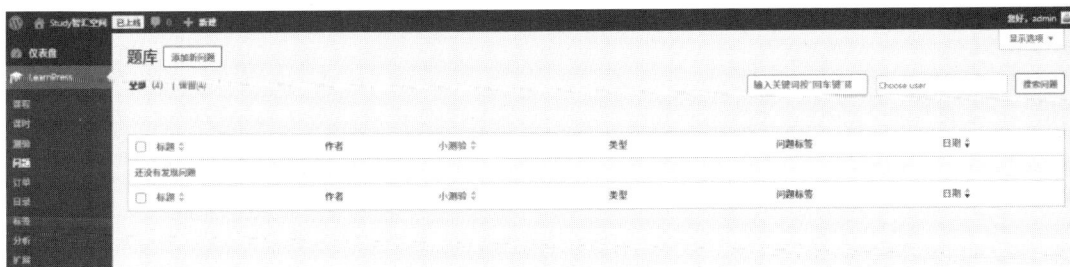

图 6-84　问题页面

单击"添加新问题"按钮进入添加新问题页面，在添加新问题页面中可以设置新问题标题、问题描述、答案选项（Answer Options）、Qusetion Settings（问题设置）、发布设置和标签，如图 6-85 所示。

首先是"添加标题"，在添加标题输入框中输入新问题名称，这里输入"WordPress 是一款开源软件"，如图 6-86 所示。

119

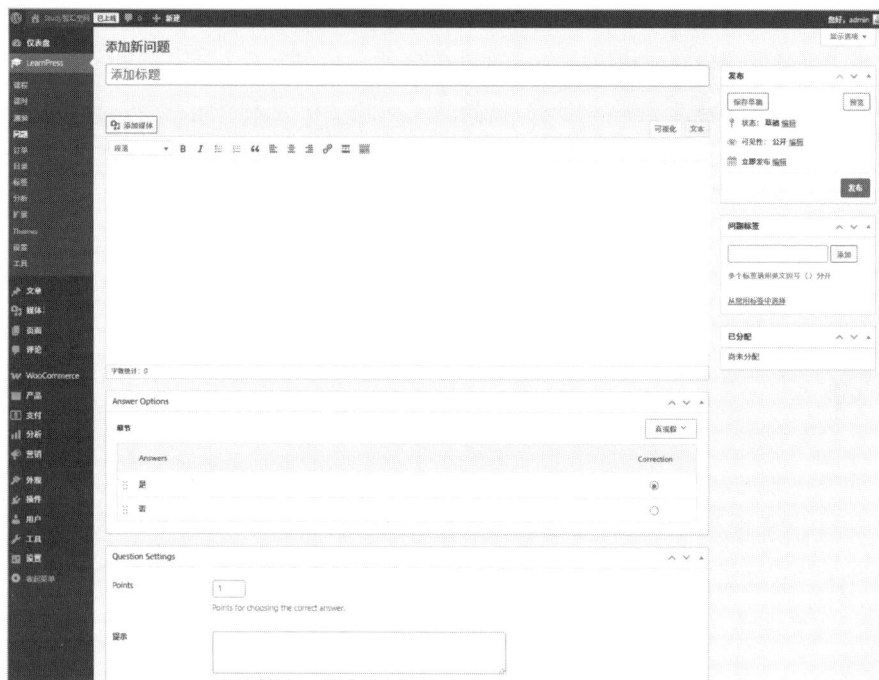

图 6-85　添加新问题页面

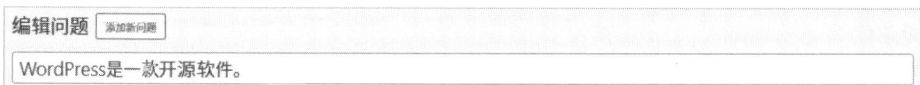

图 6-86　添加标题

接着是"新问题描述",在内容编辑器中详细描述新问题内容,如图 6-87 所示。

图 6-87　添加新问题描述

接着是"Answer Options(答案选项)",管理员可以在右侧"真或假"下拉框为问题选择"题目类型",包括"真或假""多选题""单选题"和"Fill in Blanks(填空题)",如图 6-88所示。

假如问题选择类型为"真或假",管理员可以在"第一个选项"和"第二个选项"处输入选项内容并勾选问题的"正确选项",如图 6-89 所示。

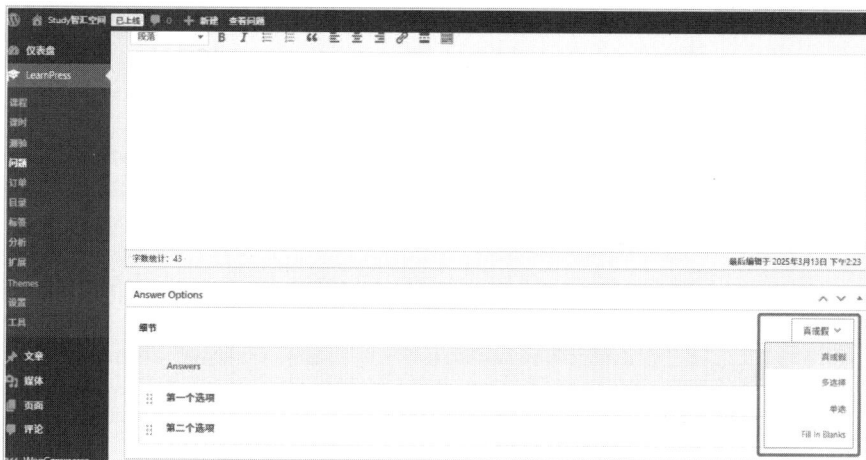

图 6-88　问题类型设置

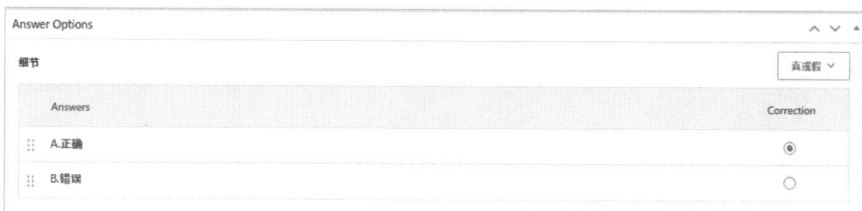

图 6-89　设置选项内容并勾选正确选项

接着是"Question Settings（问题设置）"，管理员可以设置问题的"points（分值）""提示"和"解释"，如图 6-90 所示。

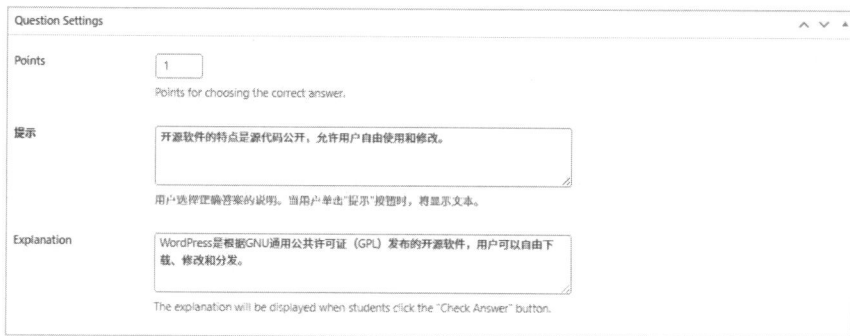

图 6-90　问题设置

然后是"发布"设置，管理员可以单击"预览"按钮查看问题，单击"保存草稿"按钮保存问题草稿，还可以单击"编辑"按钮设置课程的"状态""可见性"和"发布时间"，如图 6-91 所示。

最后是"问题标签"，管理员在输入框中输入标签名称后，单击"添加"按钮即可添加，如图 6-92 所示。

添加成功后，显示新的课程标签"wordpress 基础"，如图 6-93 所示。

设置完成后单击"发布"按钮，问题发布成功，管理员可以单击上方"查看文章"按钮或单击"预览更改"按钮查看，如图 6-94 所示。

图 6-91　发布设置　　　　图 6-92　添加问题标签　　　　图 6-93　课程标签添加成功

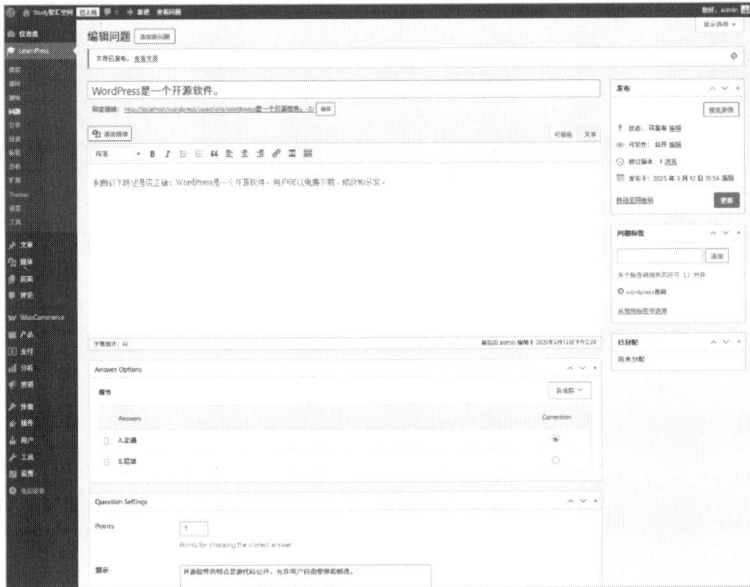

图 6-94　问题发布成功

按照此操作方法可以分别发布"多选题""单选题"和"Fill in Blanks（填空题）"。

发布成功后，单击"LearnPress"菜单下的"问题"按钮，管理员可以看到问题标题、作者、小测验、类型、问题标签及日期等信息，如图 6-95 所示。

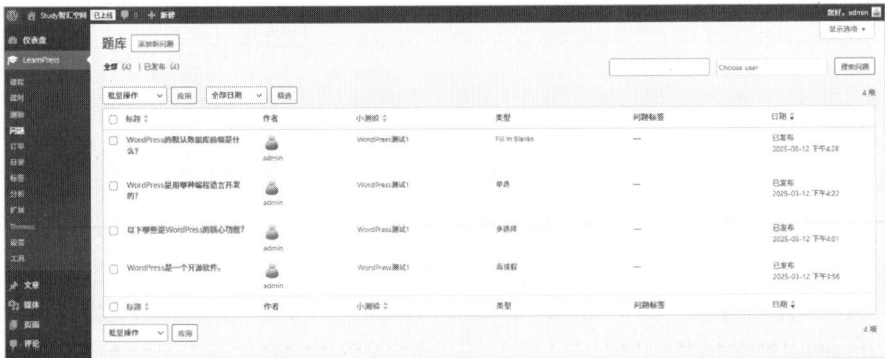

图 6-95　问题页面

在问题页面，管理员可以对问题进行批量操作，包括编辑和移至回收站操作，勾选问题复选框后，选择相应操作，单击"应用"按钮即可完成操作；管理员还可以将鼠标指针移到问题

标题上，包括编辑、快速编辑、移至回收站、Duplicate（复制）操作，单击操作名称即可完成
相应操作，如图 6-96 所示。

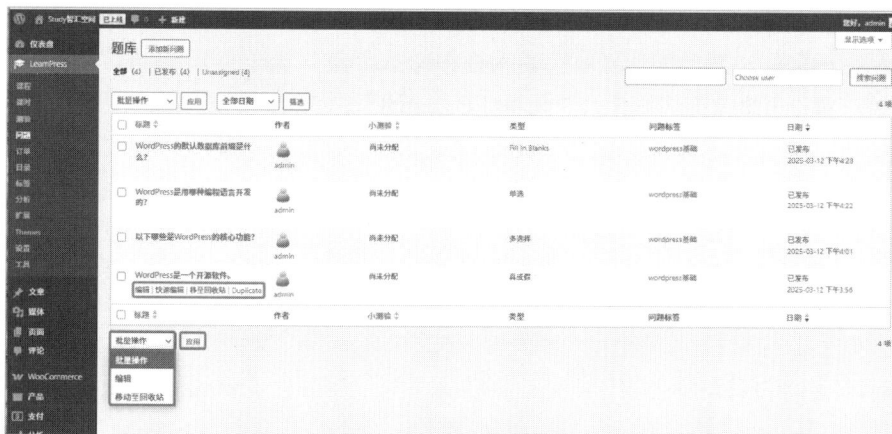

图 6-96　问题相应操作

在此页面，管理员还可以对测验进行编辑和浏览操作，将鼠标指针移到测验名称上，单击
"编辑"和"浏览"按钮完成相应操作，如图 6-97 所示。

图 6-97　测验编辑和浏览操作

如果管理员想对问题进行排序、筛选或搜索操作，可以通过标题、测验名称、日期、关键
词及选择用户进行排序、筛选或搜索操作，如图 6-98 所示。

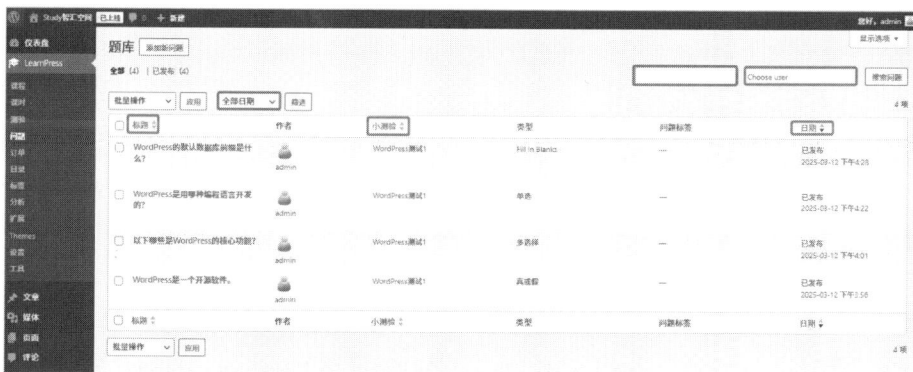

图 6-98　问题排序、筛选或搜索操作

6.2.6　目录与标签

单击"LearnPress"菜单下的"目录"按钮，进入目录的管理页面，页面左侧是新增课程分类，右侧是已经创建的课程分类目录的管理。

如果你想新增分类，在"名称"输入框中输入"英语课"；在"别名"输入框中输入"English"；将"父级分类"选择为"无"；在"描述"中输入"这是一门英语课"。以上设置完成之后，单击"添加新的课程分类"按钮即可，如图 6-99 所示。

在页面的"别名"中可以看到，别名是名称 URL 友好版本，通常使用小写英文。在之前添加课程时，我们已经给课程添加了一个中文标签"wordpress 课程"，在这里将鼠标指针移到所要编辑的分类目录上，单击"快速编辑"按钮，将标签的别名更改为小写英文，再单击"更新分类"按钮即可，如图 6-100 所示。

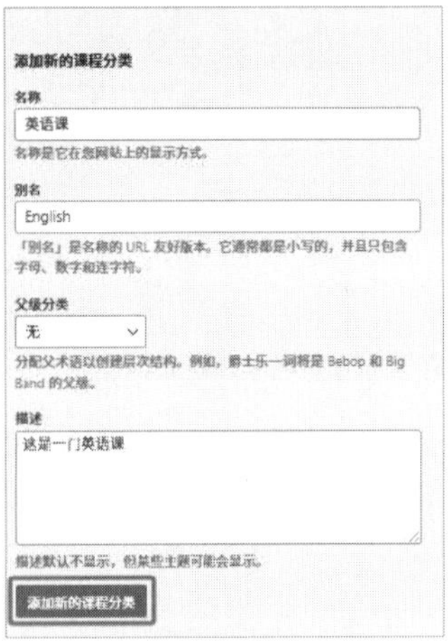

图 6-99　新增课程分类 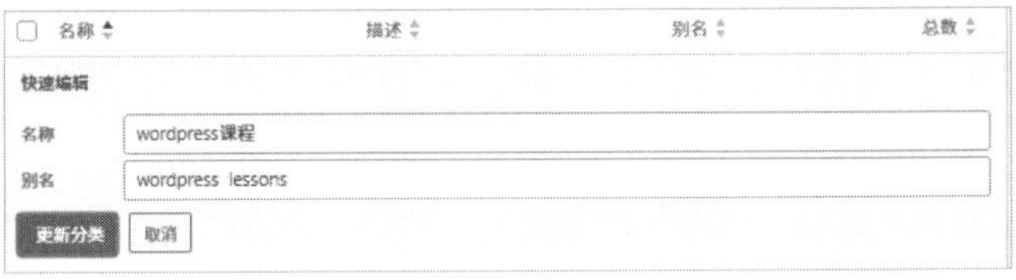　　　　　　图 6-100　更新分类

除了对分类目录进行快速编辑操作，还可以对已添加的课程分类目录进行批量操作，在"批量操作"下拉框中选择"批量操作"，单击"应用"按钮完成相应的操作；还可以鼠标指针移到分类目录上，单击编辑、删除和查看按钮完成相应操作，如图 6-101 所示。

图 6-101　"分类目录"可执行操作

如果你想对课程分类目录进行排序或搜索操作，可以选择名称、描述、别名、总数及关键字进行排序，如图 6-102 所示。

标签的新增和上面的分类目录基本一致，只是标签没有层级关系，它们之间都是相互独立存在的，如图 6-103 所示。

图 6-102　"分类目录"排序或搜索操作

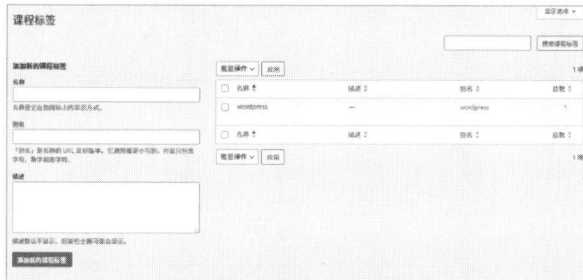

图 6-103　新增标签页面

6.2.7　分析

单击"LearnPress"菜单下的"分析"按钮，进入分析页面，在此页面可以看到 Today、最近 7 天、最近 30 天、过去 12 个月、This year、Custom（自定义）、概述、订单、课程、用户，如图 6-104 所示。

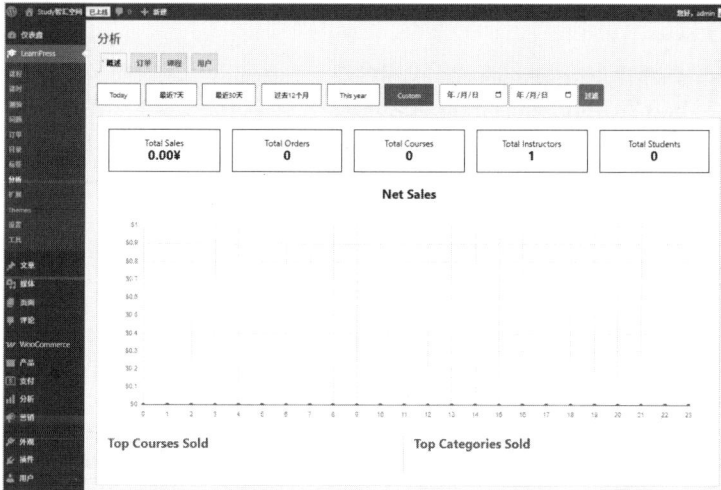

图 6-104　分析页面

6.2.8　扩展

单击"LearnPress"菜单下的"扩展"按钮，进入扩展页面，在此页面管理员可以根据需求安装扩展功能，如图 6-105 所示。

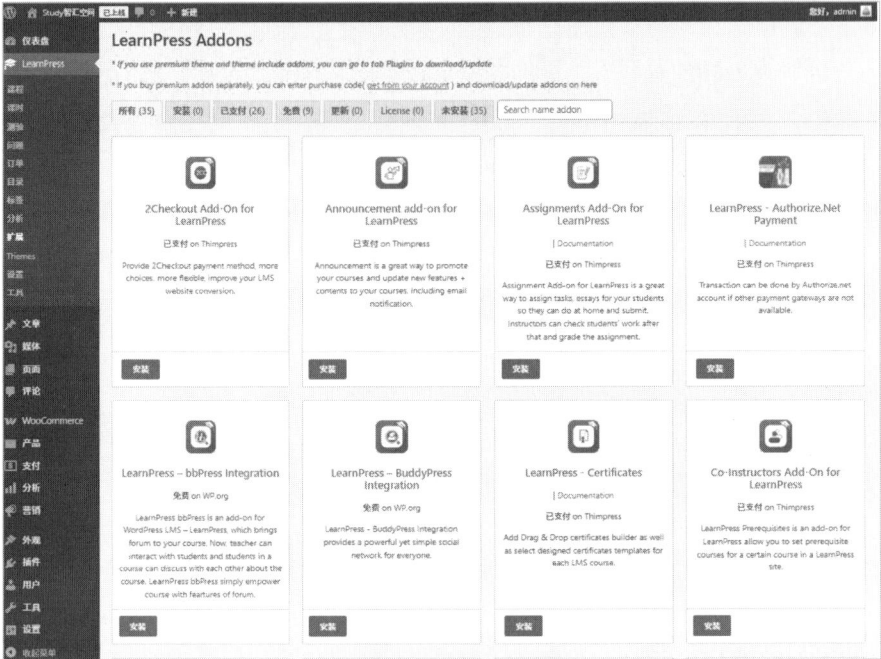

图 6-105　扩展页面

6.2.9　Themes

单击"LearnPress"菜单下的"Themes"按钮，进入教育支持页面，在此页面，管理员可以根据需求安装菜单，如图 6-106 所示。

图 6-106　Themes 页面

6.2.10　工具

单击"LearnPress"菜单下的"工具"按钮，进入工具菜单页面，在此页面管理员可以对课程数据、指定 / 未指定课程、数据库、模板、LearnPress 测试版、缓存进行设置，如图 6-107 所示。

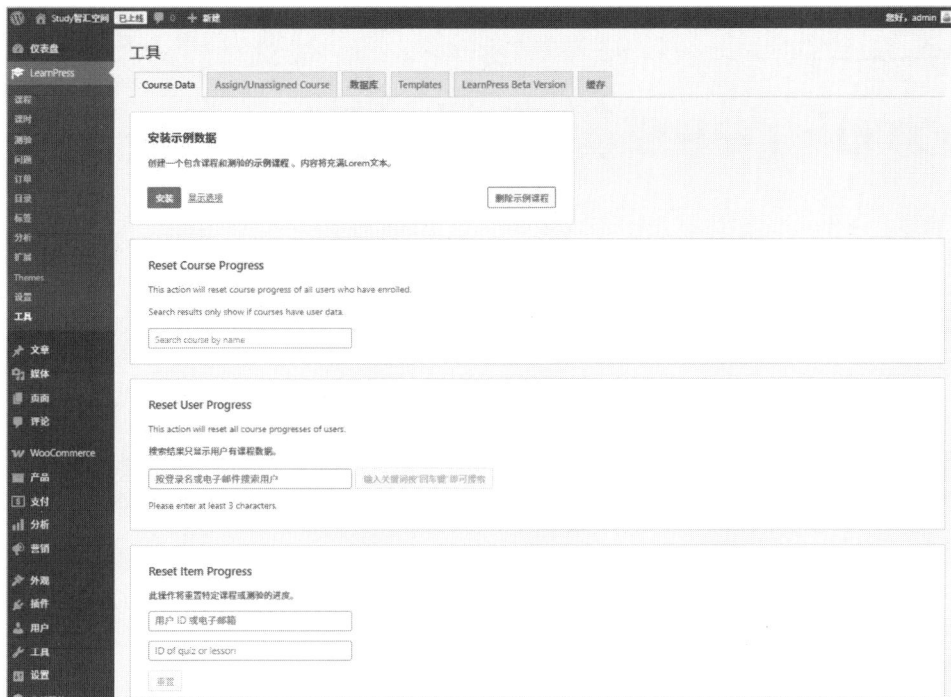

图 6-107　工具页面

第 **7** 章

WordPress 教育网站实战

本章概述

　　一个流畅、安全的购买课程流程对于在线教育网站的成功至关重要。本章将详细介绍如何购买课程、使用课程的全流程，涵盖从课程展示到支付成功再到具体使用的各个环节。

知识导读

　　本章要点（已掌握的在方框中打钩）

　　☐ 购买课程

　　☐ 审核评论

7.1　用户：购买课程

　　学生购买课程的流程如下所示。

　　（1）用户登录账号，输入账号和密码，单击"登录"按钮登录账号，如图 7-1 所示。

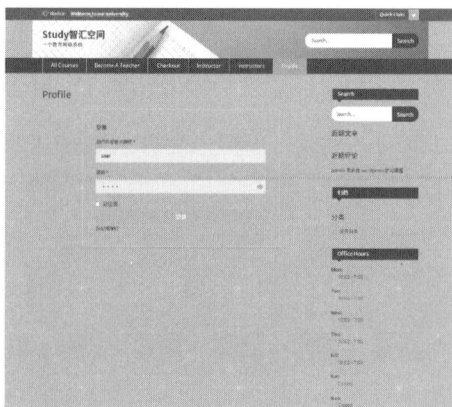

图 7-1　登录页面

（2）登录成功后，用户可以查看自己的个人资料，包括我的课程、测验、订单、设置个人资料及退出，如图 7-2 所示。

（3）用户登录后，单击"All Courses"按钮可以查看所有课程，包括课程的价格、测验等信息；在此页面，用户还可以进行课程搜索操作，如图 7-3 所示。

图 7-2　登录成功页面

图 7-3　所有课程页面

（4）单击"Read more"按钮，进入课程详情页面，如图 7-4 所示。

（5）课程未购买时，单击课时"WordPress 基本概念"按钮和测验"WordPress 测试 1"按钮，会显示该课程未解锁，不显示课程内容，如图 7-5 所示。

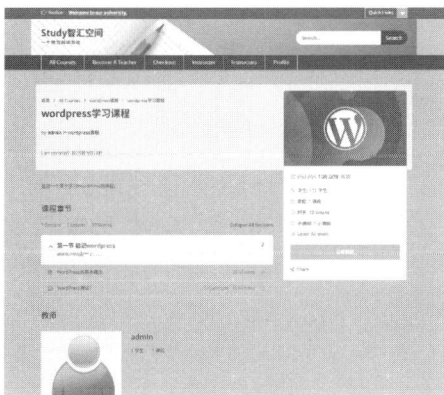

图 7-4　课程详细页面

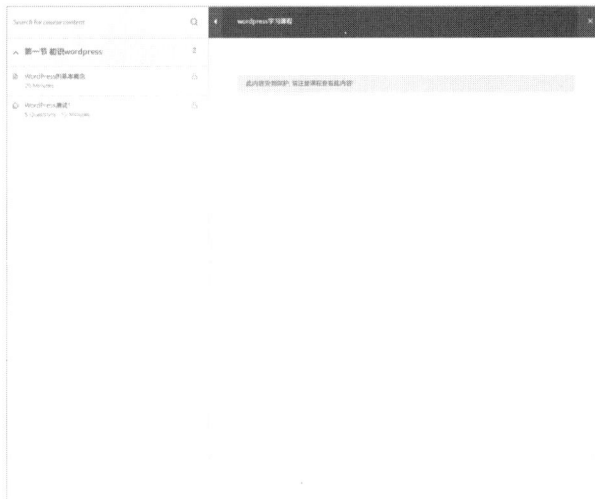

图 7-5　未购买课程时显示内容

注意：一般情况下，课程前几节内容设置为可见。

（6）单击右侧"立即购买"按钮，则进入结算页面，用户可以查看要购买的课程和价格，用户还可以选择付款方式，例如选择"离线支付"，则会显示对方账户等信息，如图 7-6 所示。

（7）用户核对信息无误后，单击"下单"按钮，即可看到提示信息"谢谢，您的订单已收到"、订单号、状态、项目名称、购买时间、总计、支付方法，如图 7-7 所示。

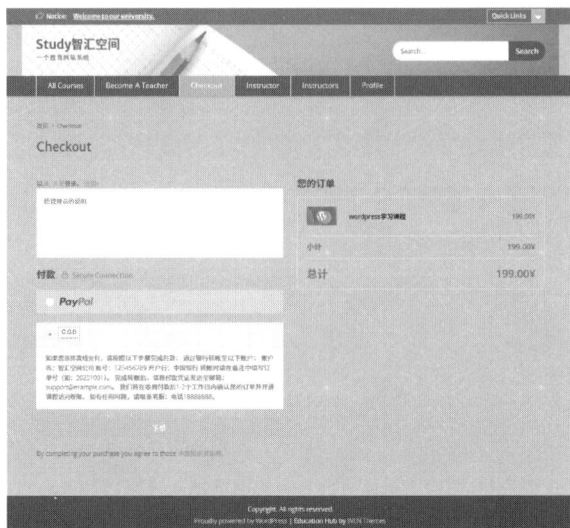

图 7-6　结算页面

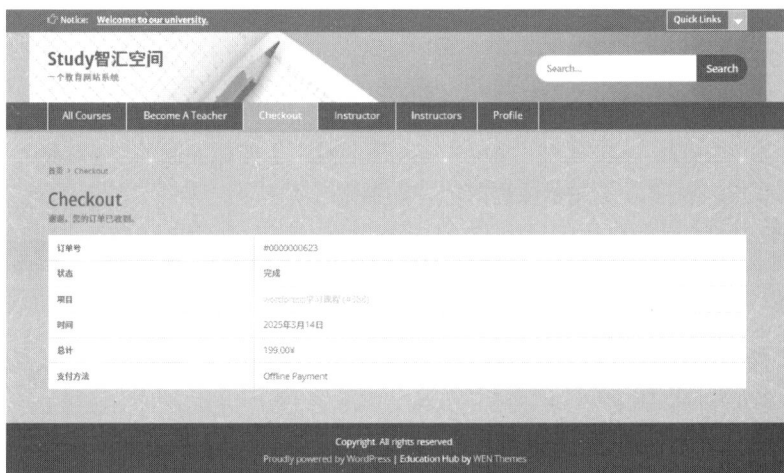

图 7-7　订单成功页面

7.2　管理员：查看订单

用户提交订单后，管理员可以在后台"LearnPress"菜单下的"订单"子菜单下查看，订单状态为"处理中"，如图 7-8 所示。

图 7-8　后台订单页面

7.3　用户：支付

用户在个人资料页面单击"订单"按钮显示订单状态为"处理中"，用户需要向对方账户汇款，然后通知管理员即可，如图 7-9 所示。

7.4　管理员：处

管理员收到客户的_____示指针移到订单号上，单击"编辑"按钮进入订单信息页_____

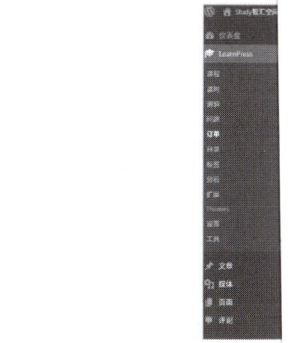

管理员在"状态"下_____后单击右上角"更新"按钮即可，如图 7-11 所示。

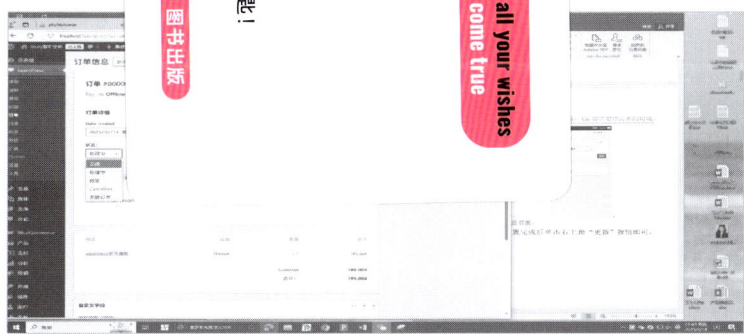

图 7-11　更改订单状态

7.5　用户：查看并使用已购买课程

用户付款后，管理员更改订单状态为"完成"后，用户可以在个人资料中"我的课程"中看到购买成功的课程，如图 7-12 所示。

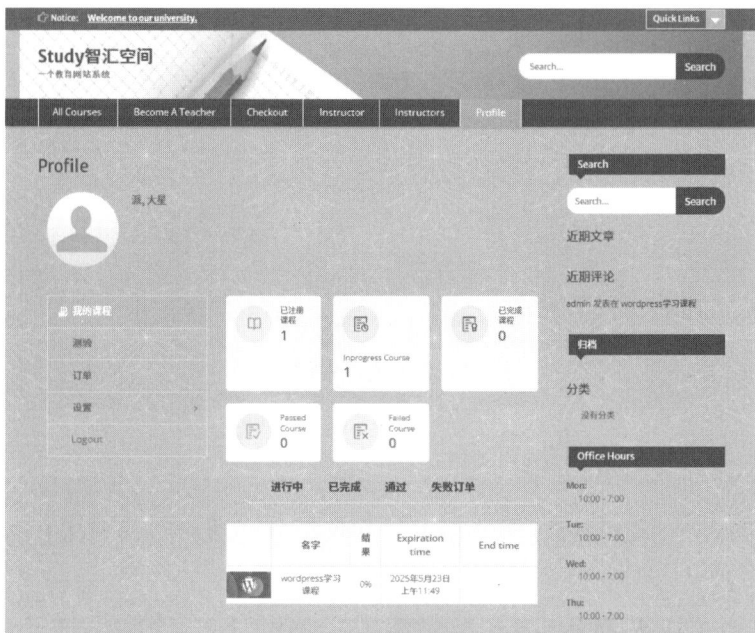

图 7-12　我的课程页面

单击课程"wordpress 学习课程"，进入课程详情页面，此时课时和测验均显示已解锁，如图 7-13 所示。

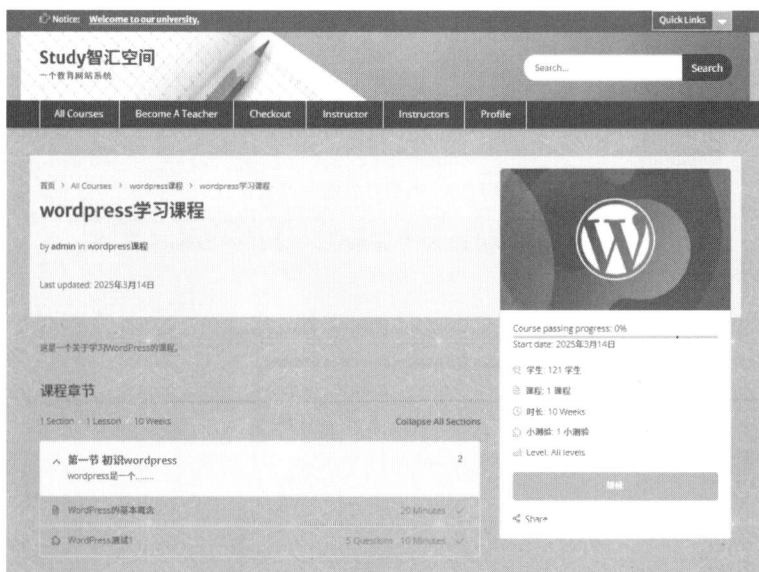

图 7-13　课程详情页面

单击"继续"按钮，进入课程学习页面，如图 7-14 所示。

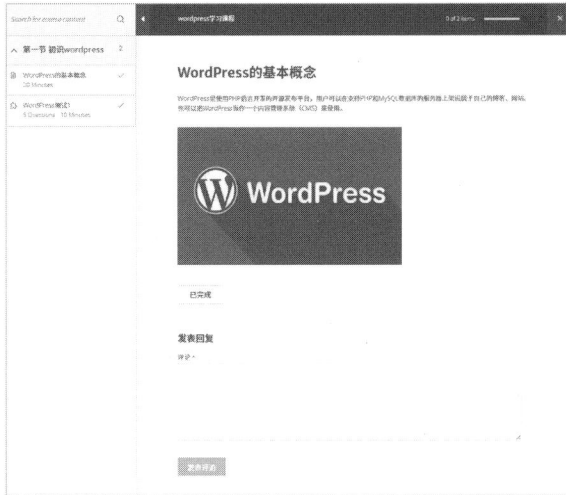

图 7-14　课程页面

用户将本课时学习完成后，单击"已完成"按钮，在弹出框中单击"是的"按钮表示完成该课时，如图 7-15 所示。

图 7-15　完成课程页面

用户完成本课时后，跳转到"测验"页面，并在顶部显示"恭喜！您已完成"提示，用户可以在测验页面看到测验的题目、时间及及格率，用户单击"开始"按钮开始测验，如图 7-16 所示。

图 7-16　测验页面

用户进入测验页面后，可以看到测验时间倒计时，对于不会的题目，用户可以单击标题后的"？"小图标查看提示；用户通过底部切换题目答题，所有题目选择后单击"FINISH QUIZ"按钮，如图 7-17 所示。

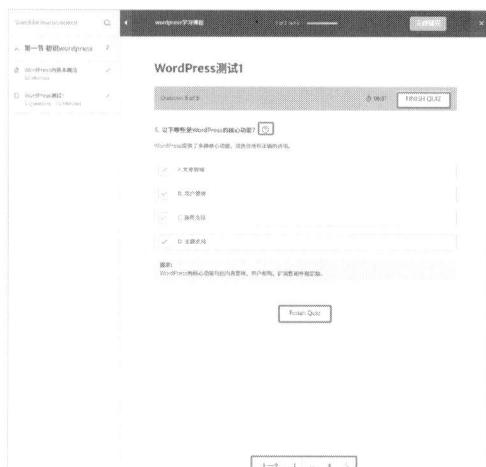

图 7-17　测验答题页面

用户单击"FINISH QUIZ"按钮后，弹出"是否提交测试"文本框，单击"OK"按钮提交测验，如图 7-18 所示。

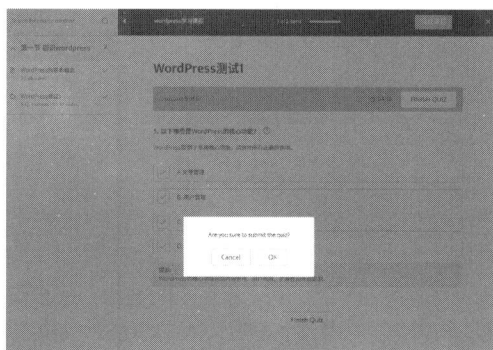

图 7-18　提交测验

测试提交后，显示测试成绩等详细信息，如图 7-19 所示。

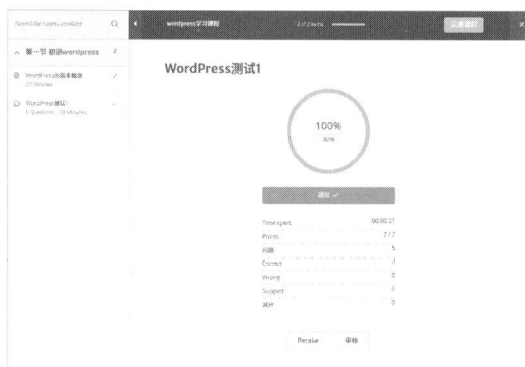

图 7-19　测验成绩

用户可以单击"Retake"按钮进行重新测试，还可以单击"审核"按钮进入测验答案及解析页面。进入测验答案及解析页面后，用户可以通过底部切换各题目答案及解析，如图 7-20 所示。

图 7-20　测验答案及解析

用户将所有课时及测验学习完成后，单击"完成课程"按钮，弹出"是否完成课程"文本框，单击"是的"按钮完成本课程的学习，如图 7-21 所示。

图 7-21　完成课程

课程和测验完成后，用户可以在课程学习页面的评论输入框中输入评论，并单击"发表评论"按钮发表对课程的评价，如图 7-22 所示。

图 7-22　课程学习页面发表评论

评论发表成功后，用户可以在页面预览评论，此时评论仅用户本人可见，如图 7-23 所示。

图 7-23　发表评论

完成后，在个人资料页的"我的课程"中用户可以看到课程的进度，此课程进度已为100%，如图 7-24 所示。

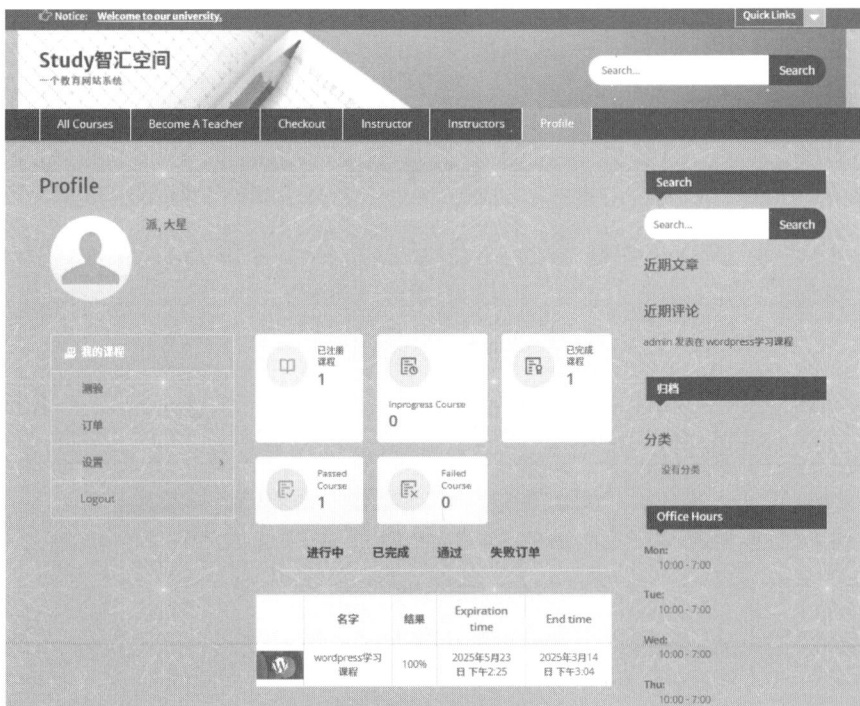

图 7-24　查看我的课程

7.6　管理员：审核和回复评论

用户评论课程后，只有用户自己可以预览评论，完全显示需要经过管理员审核，管理员在后台页面单击"评论"按钮，可以查看用户"派大星"的评论："很喜欢！对我很有帮助！"将鼠标移到评论上，单击"批准"按钮，之后所有的用户都可以查看到此评论，单击"回复"按钮，管理员可以回复用户的评论，如图 7-25 所示。

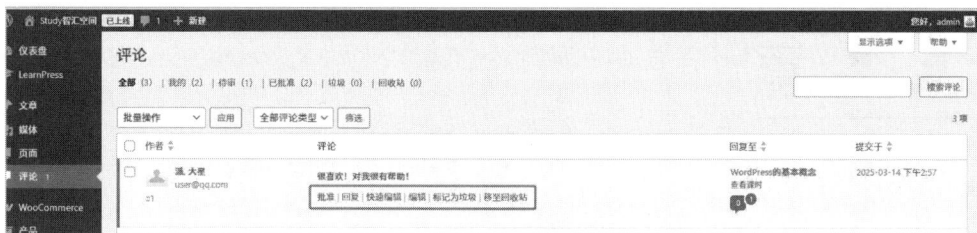

图 7-25　审核并回复评论

7.7　用户：查看评论和回复

管理员审核和回复评论后，在课程详情页面，所有用户都可以查看审核通过的评论并看到管理员回复的评论，如图 7-26 所示。

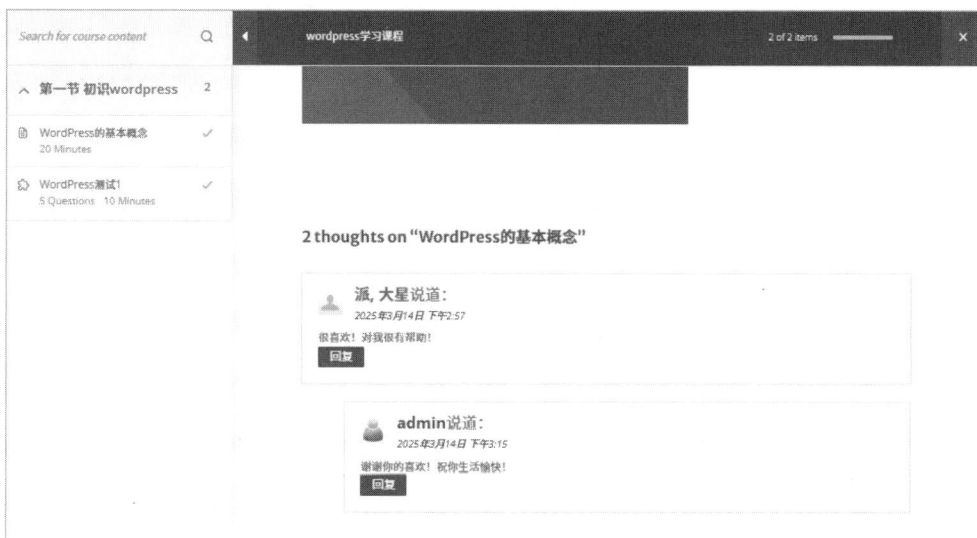

图 7-26　查看审核通过的评论及回复

第 8 章

外贸建站入门：概念与主题安装

本章概述

在全球数字化贸易时代，一个专业的外贸网站是企业开拓国际市场的关键门户。本章将带您学习外贸网站概念解析与主题安装，为您的跨境业务打造坚实的技术基础，为您的全球业务打下坚实的第一步。

知识导读

本章要点（已掌握的在方框中打钩）
☐ 外贸网站的概念
☐ 外贸网站的优势
☐ 外贸网站的主题选择
☐ Elementor 编辑器

8.1 外贸网站的概述

WordPress 外贸网站是企业开拓全球市场的重要工具。通过了解外贸的概念与传统区别、外贸的优势、类型以及建站流程，企业可以更好地利用 WordPress 平台，搭建高效、专业的外贸网站，实现跨境电商业务的快速发展。

8.1.1 外贸的概念

外贸（国际贸易）是指企业通过互联网平台向全球市场销售产品或服务。外贸网站是企业开展跨境电商的核心工具，旨在展示产品、吸引国际客户、实现在线交易和客户沟通。外贸网站通常具备多语言、多货币、国际支付、全球物流等功能，以满足不同国家和地区的客户需求。

与传统的国内网站相比，外贸网站在目标用户、功能需求、技术实现等方面存在显著差异。下面是两者的主要区别。

1. 目标用户不同

外贸网站：面向全球用户，需考虑多语言、多文化、多时区的需求。

传统网站：主要面向国内用户，语言和文化相对单一。

2. 功能需求

外贸网站：需支持多语言切换、国际支付（如 PayPal、信用卡）、全球物流跟踪等功能。

传统网站：主要支持国内支付方式（如支付宝、微信支付）和国内物流。

3. 设计与用户体验

外贸网站：设计风格简洁、国际化，符合欧美等目标市场的审美习惯。

传统网站：设计更符合国内用户的偏好。

4. 语言与本地化

外贸网站：支持多语言切换（如英语、西班牙语、法语等），内容需要本地化，包括翻译、文化适配、货币单位等。

传统网站：通常只使用单一语言（如中文），无须考虑多语言支持和跨文化适配。

5. 物流与配送

外贸网站：需要与国际物流公司合作，支持全球配送，提供物流跟踪功能，方便用户查询包裹状态。

传统网站：主要依赖国内物流公司，如顺丰、中通、京东物流等，配送范围通常限于国内。

6. 客户服务

外贸网站：提供多语言客服支持（如英语、西班牙语等），需要考虑时差问题，提供 24/7 在线客服或邮件支持。

传统网站：客服语言通常为中文，服务时间主要覆盖国内用户的工作时间。

8.1.2　外贸的优势

1. 低成本高效率

WordPress 是开源软件，免费使用，降低了建站成本。

丰富的主题和插件可快速实现各种功能，节省开发时间。

2. 全球化覆盖

通过多语言支持和国际化功能，轻松接触全球客户。

支持多种国际支付方式和全球物流，提升用户体验。

3. SEO 友好

WordPress 代码结构清晰，易于搜索引擎抓取和索引，有利于提高网站在 Google 等国际搜索引擎中的排名。

4. 灵活扩展

通过插件和主题，可轻松扩展网站功能，例如多语言切换、货币转换、物流跟踪等。

5. 社区支持

WordPress 拥有庞大的用户群体和开发者社区，可以方便地获取帮助和支持。

8.1.3　外贸的类型

1. B2B 外贸网站

面向企业客户，主要展示产品信息、公司实力、合作案例等，以获取询盘和订单。

适用于工厂、批发商等企业。

2. B2C 外贸网站

面向个人消费者，提供在线购物、支付、物流等服务，直接销售产品。

适用于跨境电商零售企业。

3. 综合型外贸网站

兼具 B2B 和 B2C 功能，既可以面向企业客户，也可以面向个人消费者。

适用于多元化业务的企业。

8.1.4 如何开始你的外贸之旅

作为全球最流行的内容管理系统（CMS），WordPress 凭借其开源免费、功能强大、易于扩展等优势，成为构建外贸网站的热门选择。通过安装 WooCommerce 等插件，你可以轻松地将 WordPress 网站变成一个功能完善的在线商店。

（1）确定你的产品和目标市场：明确目标市场、产品定位、网站功能等需求。

（2）选择合适主题：根据网站需求选择合适的外贸主题（如 Flatsome、Astra），并进行安装和激活。

（3）插件安装和配置：安装必要的插件，例如多语言插件（WPML、Polylang）、支付插件（paypel、Stripe）、物流插件等。

（4）网站内容建设：创建页面、发布文章、上传产品信息等，丰富网站内容，确保内容符合目标市场的语言和文化习惯。

（5）推广你的网站：利用 SEO、社交媒体、电子邮件营销等方式吸引流量。

（6）提供优质的客户服务：及时回复客户咨询、处理订单和售后问题。

8.2 安装 Astra 和 Elementor

Astra 提供的免费模板是搭建企业官网、个人博客、电子商务或外贸建站的绝佳选择。通过这些模板，用户可以快速创建专业且美观的网站，而无须从头开始设计。无论是初学者还是经验丰富的开发者，都可以利用 Astra 免费模板轻松实现网站建设目标。

Astra 和 Elementor 的组合非常适合需要快速搭建高性能、高定制化外贸网站的用户，是搭建外贸站的理想选择。Astra 提供轻量、灵活的框架，Elementor 提供强大的拖放设计功能，支持多语言、多货币和国际支付，助力快速构建高性能、高定制化的跨境电商网站。

8.2.1 安装 Astra 主题

在 WordPress 后台管理页面，单击"外观"菜单下的"主题"按钮进入主题页面，再单击"安装新主题"按钮进入安装主题页面，在搜索框输入主题名称，这里输入"Astra"，鼠标移到主题上，可以查看"详情及预览"和"安装"信息，如图 8-1 所示。

单击"详情及预览"或"预览"按钮可以查看主题详情，单击"安装"按钮安装主题，安装成功后，鼠标移到主题上，显示"启用"按钮，如图 8-2 所示。

单击"启用"按钮启用主题，跳转到主题页面，如图 8-3 所示。

图 8-1　安装主题

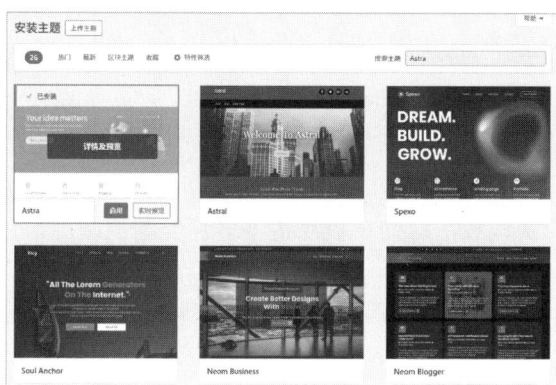

图 8-2　启用主题

图 8-3　启用主题成功

8.2.2　安装 Elementor 插件

在 WordPress 后台管理页面，单击"插件"菜单下的"安装新插件"按钮进入安装插件页面。在搜索框中输入"Elementor"，单击"立即安装"按钮，安装完成后单击"启用"按钮，如图 8-4 所示。

插件启用成功，菜单栏显示 Elementor 功能，如图 8-5 所示。

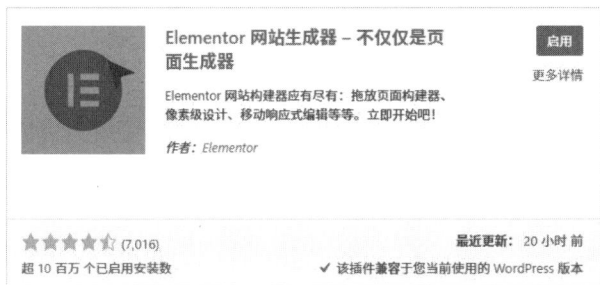

图 8-4　安装并启用 Elementor 插件

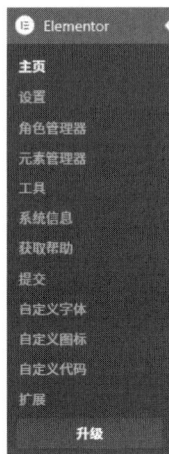

图 8-5　Elementor 插件功能

8.2.3　导入模板

Astra 提供了大量免费模板，这些模板涵盖了多种类型的网站，包括企业官网、个人博客、作品集、在线商店等。这些模板设计精美、功能齐全，并且可以与流行的页面构建器（如 Elementor、Gutenberg、Beaver Builder 等）无缝集成，帮助用户快速搭建网站。

在 WordPress 后台管理页面，单击"Astra"按钮进入 Astra 页面，选择"入门模板"，单击"安装并激活"按钮，安装并激活 Starter Template 插件，如图 8-6 所示。

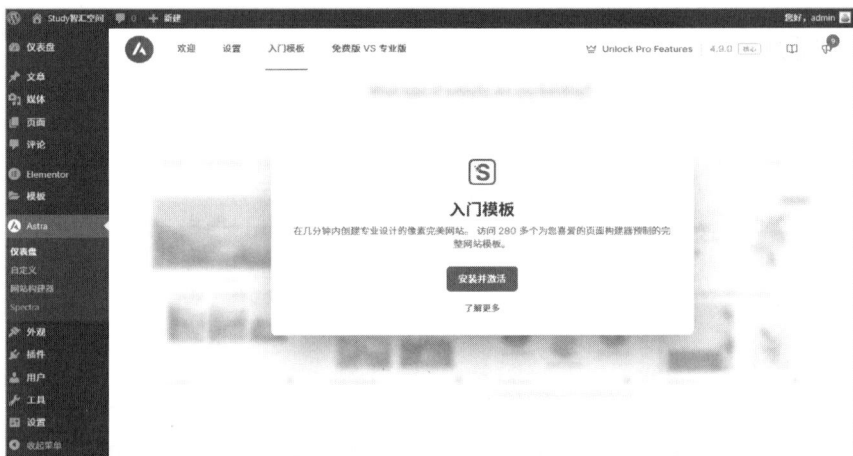

图 8-6　安装并激活插件

单击"安装并激活"按钮后，进入网站构建方式选择页，管理员可以选择合适的方式建造网站，这里选择"使用模板构建"，如图 8-7 所示。

单击"使用模板建构"按钮，进入页面构建器选择页面，选择使用"Elementor"构建页面，如图 8-8 所示。

图 8-7　选择构建网站方式

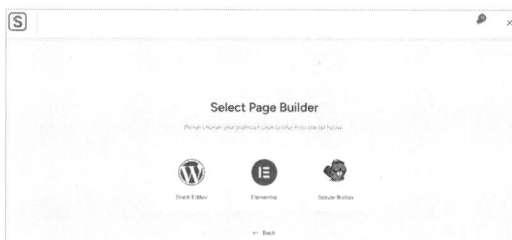

图 8-8　选择构建器

单击"Elementor"按钮进入模板选择页面，管理员可以根据需求选择合适的模板，如图 8-9 所示。

图 8-9　模板选择

单击所选主题进入，管理员可以对模板进行简单编辑，包括网站徽标、字体对、主题颜色，如图 8-10 所示。

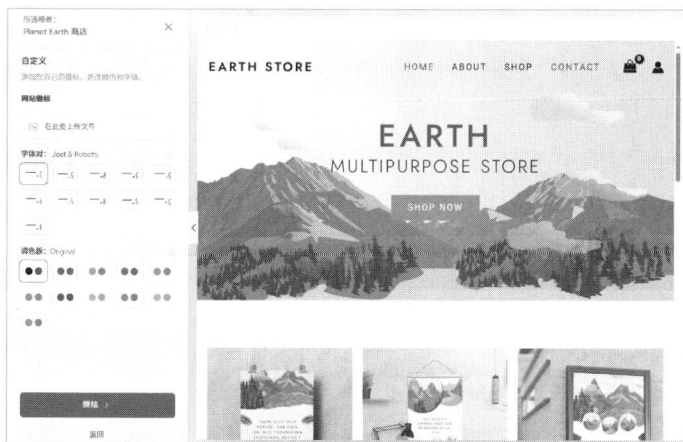

图 8-10　模板简单编辑

首先是"网站徽标"的设置，单击"在此处上传文件"按钮选择上传文件，模板左上角图标更改为所选图片,管理员可以设置标志的宽度;管理员还可以根据喜好选择合适的字体和颜色,如图 8-11 所示。

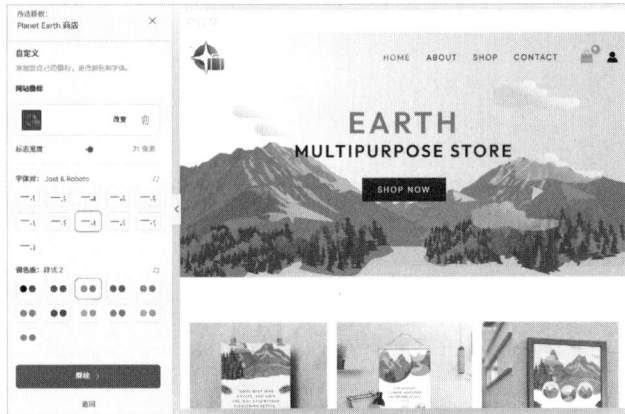

图 8-11　更换网站徽标、字体、颜色

设置完成后单击"继续"按钮,进入选择功能页面,管理员可以勾选网站所需功能,设置完成后单击"继续"按钮;如果不需要,则单击"跳过此步骤"按钮,如图 8-12 所示。

图 8-12　网站功能选择

网站功能选择后,进入构建网站的最后一步,单击"提交并建立我的网站"按钮,完成网站的建立,如图 8-13 所示。

图 8-13　提交网站构建

提交后，需要耐心等待构建，安装所需网站主题、插件、表单等，网站构建完成后单击"查看您的网站"按钮进入网站首页，如图 8-14、图 8-15 所示。

图 8-14 网站构建成功

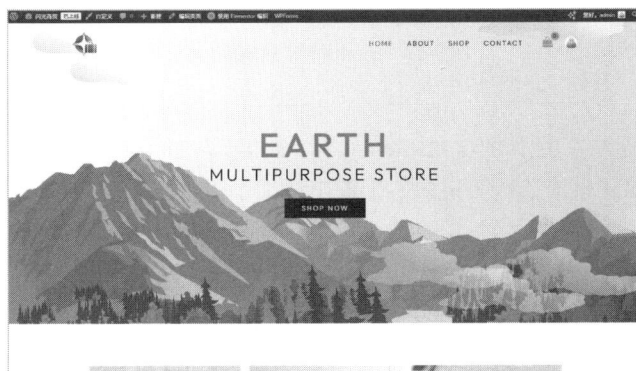

图 8-15 网站首页

8.2.4 Elementor 编辑器功能

Elementor 提供强大的自定义功能，通过直观的设置选项和页面构建器，轻松调整布局、颜色、字体等，打造独一无二的外贸网站。

单击"页面"按钮，在"所有页面"中的"已发布"中找到首页，将鼠标移到标题名称上，可以对页面进行编辑、快速编辑、使用 Elementor 编辑等操作，如图 8-16 所示。

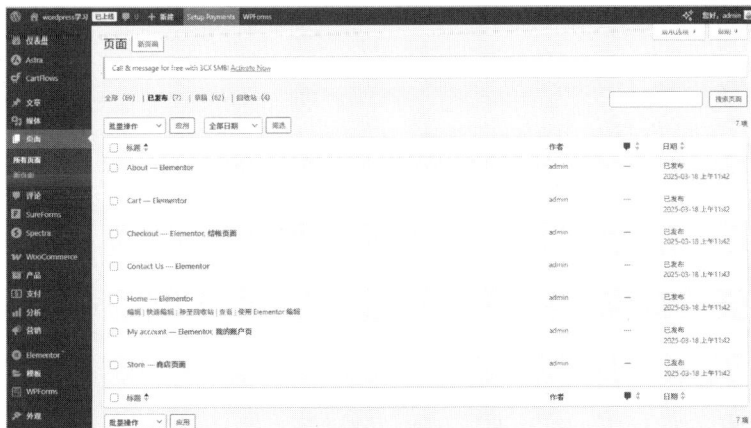

图 8-16 页面操作

单击"使用 Elementor 编辑"按钮进入页面编辑页面，Elementor 编辑器的页面分为三部分：顶部工具栏、左侧面板和中间的实时预览区域，如图 8-17 所示。

图 8-17　Elementor 编辑器界面

1. 顶部工具栏

顶部工具栏图标从左到右依次是 Elementor 图标、添加元素、站点设置、结构、页面选择、页面设置、响应式模式选择（桌面、平板电脑、手机）、清单、更新内容、搜索、帮助、预览更改、发布和保存选项。

（1）Elementor 图标

单击"Elementor 图标"按钮，管理员可以进入主题生成器、查看历史、用户首选项设置、查看键盘快捷键和退出到 WordPress 操作，如图 8-18 所示。

（2）添加元素

单击"+"按钮，管理员可以添加元素，包括容器、标题、图片各种小部件，如图 8-19 所示。

（3）站点设置

单击"设置图标"按钮，管理员可以进行站点设置，包括对设计系统、主题风格和其他的设置，设置完成后单击"保存更改"按钮，如图 8-20 所示。

图 8-18　Elementor 图标　　图 8-19　添加元素　　图 8-20　站点设置

（4）结构

单击"结构"按钮，右侧出现页面结构，包括容器及容器内的各种元素组成，并对它们的内容、样式等进行设置，如图 8-21 所示。

（5）页面切换

单击"Home"按钮，管理员可以切换页面进行编辑，如图 8-22 所示。

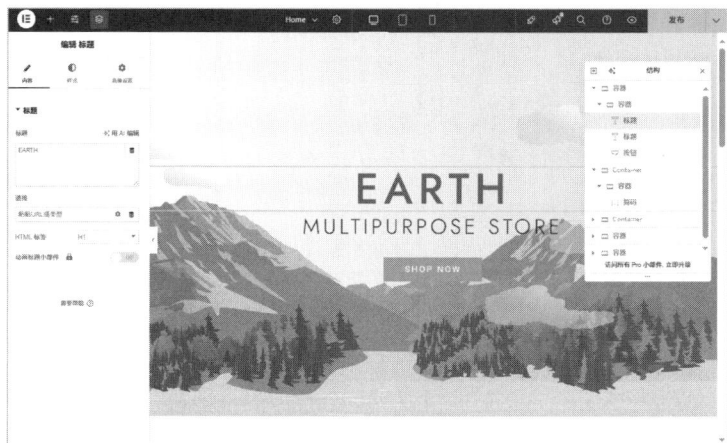

图 8-21　结构

图 8-22　页面切换

（6）页面设置

单击"页面设置"按钮，管理员对页面的标题、布局和样式等进行设置，如图 8-23 所示。

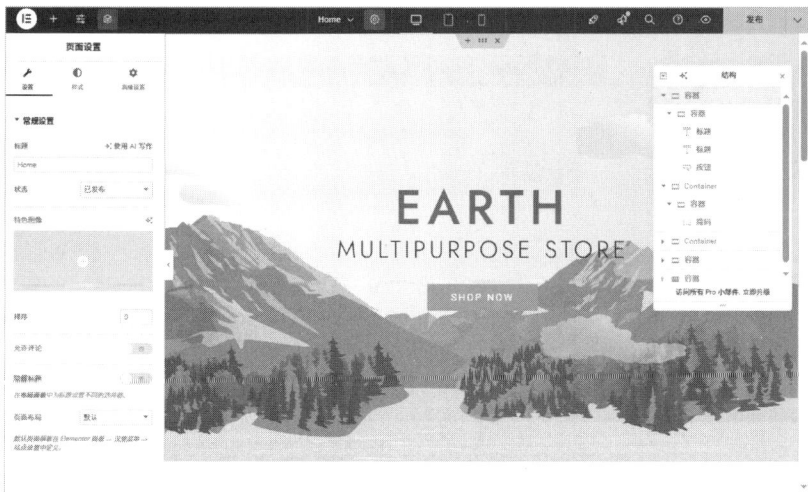

图 8-23　页面设置

（7）响应式模式

分别单击"桌面""平板电脑"和"手机"三个按钮，可以切换不同设备的视图模式，管理员可以预览和调整页面在桌面、平板和手机上的显示效果，如图 8-24 所示。

（8）清单

单击"小火箭"图标，管理员可以设置 logo、全局字体和颜色、标题等提高生产力，如图 8-25 所示。

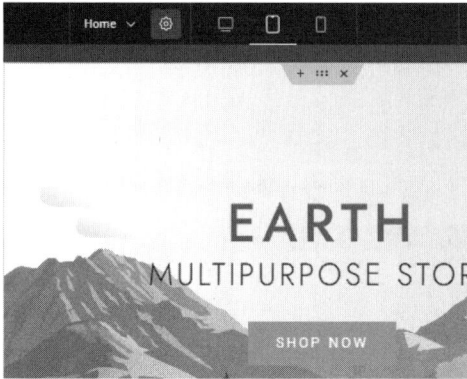

图 8-24　响应式模式

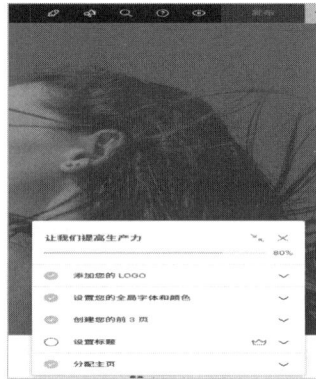

图 8-25　清单设置

（9）更新内容

单击"小喇叭"图标，管理员可以看到更新的内容，如图 8-26 所示。

（10）搜索

单击"放大镜"图标，管理员可以在 Elementor 中查找任何内容，如图 8-27 所示。

图 8-26　更新内容

图 8-27　搜索

（11）帮助

单击"问号"图标，管理员进入 Elmentor 帮助中心，管理员可以搜索有关 Elementor 的一切，如图 8-28 所示。

图 8-28　帮助

（12）预览更改

单击"眼睛"图标，管理员可以预览当前页面效果。

（13）发布

单击"发布"按钮，管理员可以发布页面，更新页面的内容。

（14）保存选项

单击"V"图标，管理员可以将页面保存为草稿、另存为模板和查看页面，如图 8-29 所示。

图 8-29　保存选项设置

2. 左侧面板

左侧面板是 Elementor 的主要操作区域，提供了元素库、全局设置、页面设置和元素设置等功能。

（1）元素库

元素库在添加元素时显示，元素库提供多种页面元素如标题、文本、图片、按钮等，管理员可以通过拖放方式将元素添加到页面中，如图 8-30 所示。

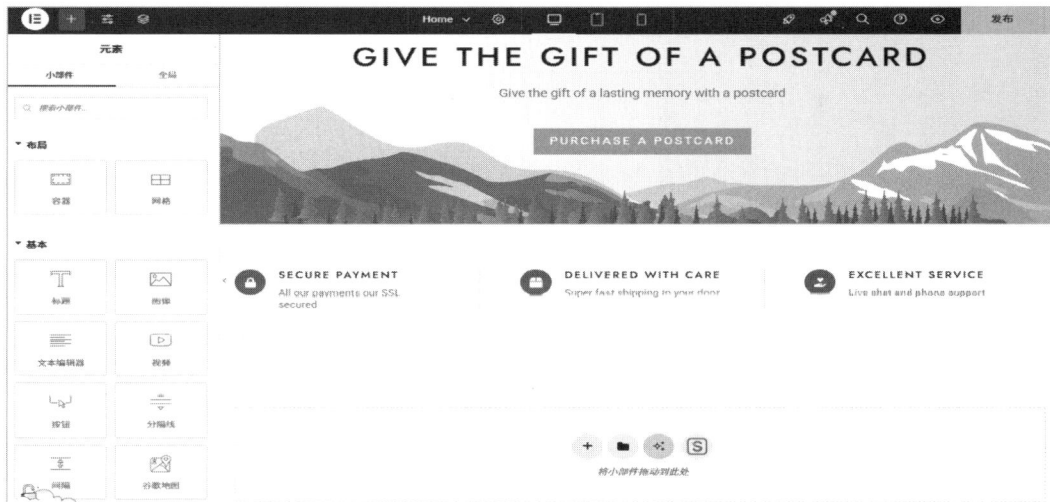

图 8-30　元素库

（2）全局设置

全局设置在站点设置时显示，管理员可以配置全局的颜色、字体、按钮样式等，确保网站风格统一，如图 8-31 所示。

（3）页面设置

页面设置在单击页面设置时显示，管理员可以配置页面的标题、样式、特色图片等，确保网站风格统一，调整页面的整体外观，如图 8-32 所示。

图 8-31　全局配置

图 8-32　页面设置

（4）元素设置

元素设置在编辑某一元素时显示，管理员可以对元素的内容、样式等进行设置，如图 8-33 所示。

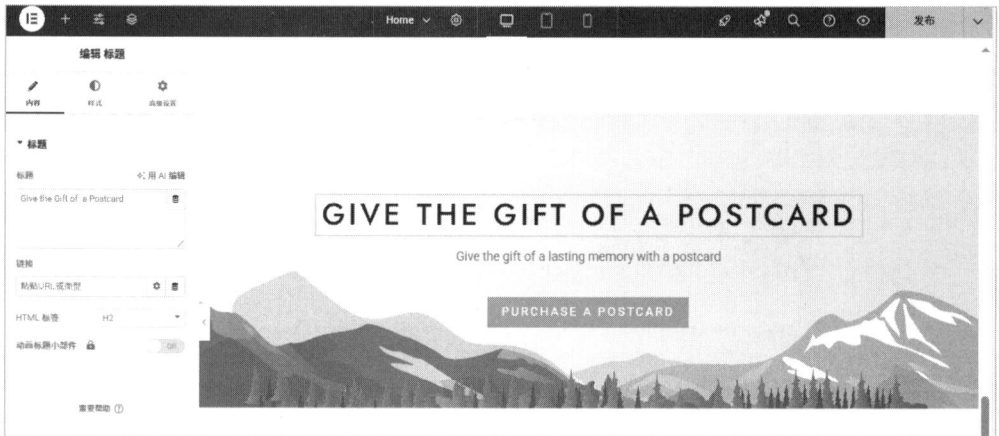

图 8-33　元素设置

3. 中间实时预览区域

中间页面栏是页面的实时预览和编辑区域，用户可以直接在画布上进行设计和调整。

（1）实时预览

实时显示页面的编辑效果，方便管理员查看和调整页面内容。

（2）拖放编辑

管理员可以通过拖放方式调整元素位置和布局，以帮助快速创建复杂的页面结构。

（3）元素设置

管理员点击元素后，在左侧栏中显示元素的详细设置选项，管理员可以调整元素的样式、内容、动画等。

第 **9** 章

外贸建站基础：电商插件安装

本章概述

电商插件是为外贸网站扩展在线交易功能的工具模块，用于实现商品展示、购物车、支付结算等核心电商功能，帮助跨境卖家快速构建完整的数字贸易平台。本章将带你完成关键电商插件的安装与基础配置，为你的跨境业务搭建完整的交易闭环。

知识导读

本章要点（已掌握的在方框中打钩）
☐ WooCommerce 插件优势
☐ WooCommerce 的安装
☐ WooCommerce 功能

9.1 安装 WooCommerce

WooCommerce 是一个开源免费的 WordPress 插件，它可以将你的 WordPress 网站转变为一个功能强大的在线商店。作为全球最受欢迎的电子商务插件之一，WooCommerce 拥有庞大的用户群体和活跃的社区支持。

9.1.1 WooCommerce 的核心功能

（1）产品管理：添加、编辑和管理产品信息，包括产品名称、描述、图片、价格、库存、分类、标签、属性等。

（2）订单管理：查看和管理所有订单，更新订单状态、处理退款、添加订单备注等。

（3）支付网关：集成多种支付方式，例如 PayPal、Stripe、银行转账等，方便客户支付。

（4）配送设置：设置配送区域、运费和配送方式，例如免费配送、固定运费、实时运费等。

（5）税务设置：根据不同的地区和产品类型设置税率，自动计算税费。

（6）报表统计：提供销售报表、客户报表、库存报表等，帮助你了解商店运营情况。

9.1.2 WooCommerce 的优势

（1）开源免费：WooCommerce 是一个开源免费的插件，你可以自由地使用、修改和分发。

（2）易于使用：WooCommerce 提供了直观的用户界面和详细的文档，即使没有编程经验，你也可以轻松上手。

（3）高度可定制：WooCommerce 拥有丰富的主题和扩展插件，你可以根据自己的需求定制商店的外观和功能。

（4）强大的社区支持：WooCommerce 拥有庞大的用户群体和活跃的社区论坛，你可以轻松地找到帮助和支持。

9.1.3 WooCommerce 的适用场景

WooCommerce 适用于各种规模的在线商店，例如：

（1）个人网店：销售手工艺品、服装、电子产品等。

（2）小型企业：销售本地特产、服务预订等。

（3）大型企业：销售多种产品、管理多个仓库等。

9.1.4 WooCommerce 的扩展插件

WooCommerce 拥有丰富的扩展插件，可以扩展商店的功能，例如：

（1）产品类型：订阅、会员、预订等。

（2）支付网关：Apple Pay、Google Pay、支付宝等。

（3）配送方式：本地配送、快递、物流等。

（4）营销工具：折扣券、礼品卡、邮件营销等。

（5）数据分析：Google Analytics、Facebook Pixel 等。

9.1.5 WooCommerce 的安装及向导设置

在 WordPress 后台管理页面，单击"插件"菜单下的"安装新插件"按钮，进入插件安装管理页面。在搜索框中输入"WooCommerce"，单击"立即安装"按钮，安装插件，如图 9-1 所示。

安装完成后单击"启用"按钮进入设置向导页面，如图 9-2 所示。

图 9-1　安装 WooCommerce 插件

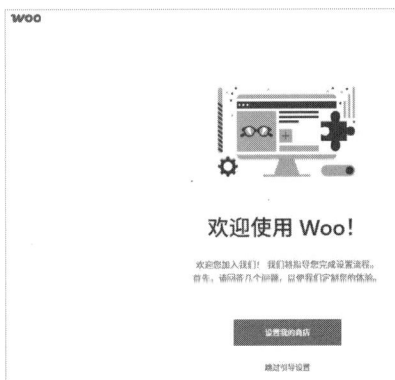

图 9-2　WooCommerce 插件向导设置（1）

单击"设置我的商店"按钮开始定制体验，首先选择"商务之旅所处阶段"，选择完成后单击"继续"按钮，如图 9-3 所示。

接着提供有关商店的信息，在这里设置商店名称、产品类型、商店地址、电子邮箱，并勾选是否在邮箱中接到 Woo 团队的提醒，设置完成后单击"继续"按钮，如图 9-4 所示。

图 9-3　WooCommerce 插件向导设置（2）

图 9-4　WooCommerce 插件向导设置（3）

最后根据需求选择是否安装免费功能，选择完成后单击"继续"按钮，如果不想安装，可以单击右上角的"跳过此步骤"按钮，如图 9-5 所示。

图 9-5　WooCommerce 插件向导设置（4）

9.2　WooCommerce 功能

WooCommerce 是一款专为 WordPress 设计的开源电子商务插件，它允许用户在 WordPress 网站上创建和管理在线商店。以下是 WooCommerce 的一些主要功能，如图 9-6 所示。

9.2.1　订单

订单是指用户在前台提交购买信息，商家管理员可以在后台系统查看到的未付款订单和已付款订单。

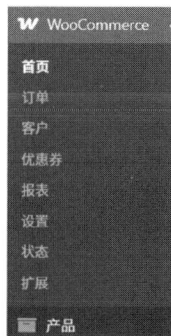

图 9-6　WooCommerce 功能

153

单击"WooCommerce"菜单下的"订单"按钮，进入订单页面，在此页面管理员可以添加、查看和处理订单。在无订单时，页面显示"当您收到一个新订单时，它会显示在这里"；如果有订单时，则会显示订单号、日期、状态和费用等信息，如图 9-7 所示。

图 9-7　订单页面

在订单页面，管理员可以对订单进行批量操作，操作包括更改状态为处理中、更改状态为保留、更改状态为已完成、将状态更改为已取消和移至回收站，勾选订单复选框后，选择操作，单击"应用"按钮即可完成操作，如图 9-8 所示。

图 9-8　订单批量操作

如果想要对订单进行筛选或排序操作，可以选择通过订单、日期、合计、按注册客户过滤和关键词订单 ID、客户电子邮件、客户、产品进行筛选或搜索，如图 9-9 所示。

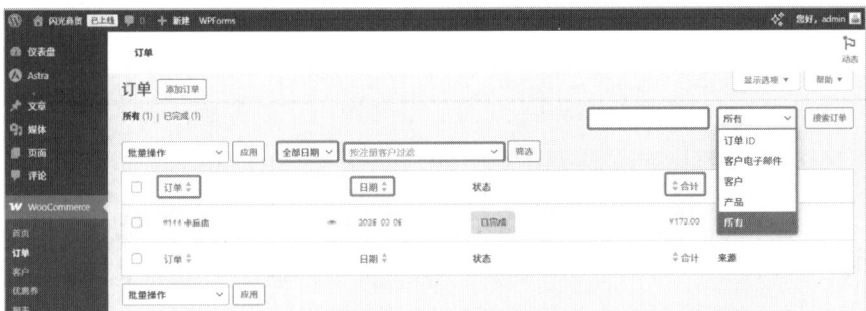

图 9-9　订单筛选操作

单击日期旁的眼睛图标，页面弹出订单的详细信息，详细信息包括账单详情、电子邮件、电话、付款方式、配送详情、配送方式、产品、数量、税费和合计费用，如图 9-10、图 9-11 所示。

图 9-10 订单预览

图 9-11 订单预览页面

在弹出的订单详情页面，单击右下角的"编辑"按钮，进入"编辑订单"页面，在编辑订单页面，管理员可以编辑订单，包括创建日期、状态和客户。一般情况下只需要更改状态，如图 9-12 所示。

图 9-12 编辑订单页面

9.2.2 客户

单击"WooCommerce"菜单下的"客户"按钮，客户页面显示在商店购买过商品的所有客户，管理员可以单击右上角的三点选择显示客户的用户名、上次活动、注册时间、电子邮件、订单数、总支出、国家/地区、城市、邮政编码等信息，如图 9-13 所示。

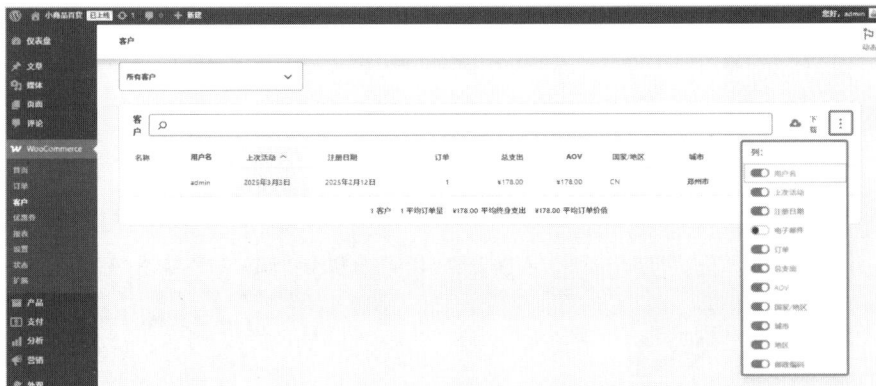

图 9-13　客户页面

管理员可以单击右上角"下载"按钮，将客户表格下载到本地计算机，如图 9-14 所示。

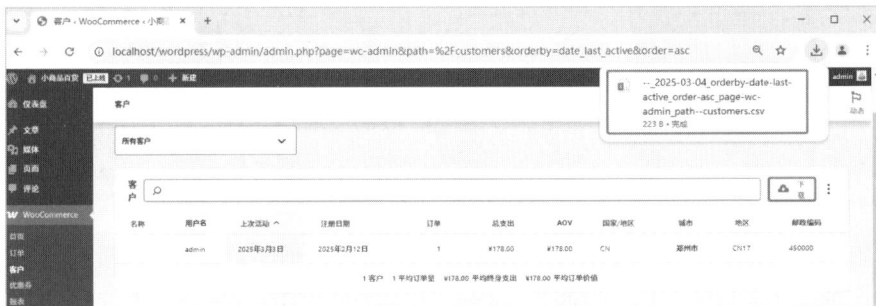

图 9-14　将客户表格下载到本地计算机

管理员还可以对客户进行筛选操作，在左上角下拉框中选择"高级过滤器"，如图 9-15 所示。

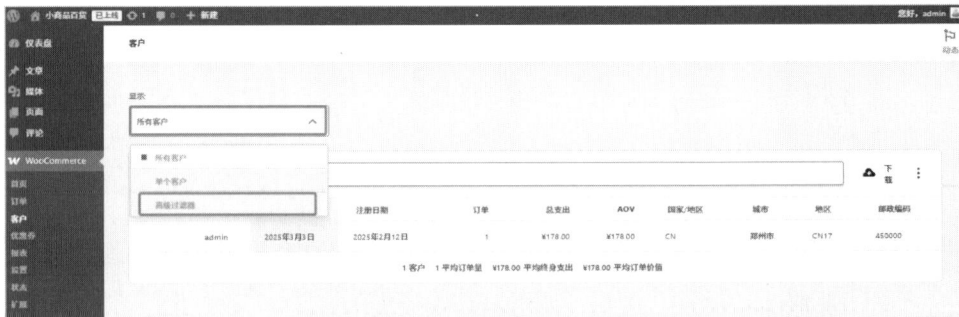

图 9-15　客户筛选

单击"添加筛选器"按钮，可以添加电子邮件、订单、国家/地区、名称、上次活动、已注册、用户名、总花费、AOV 进行筛选操作，如图 9-16 所示。

图 9-16　添加筛选器

9.2.3　优惠券

优惠券是一种常见的消费者营业推广工具，其主要作用是降低产品的价格，给持券人某种特殊权利的优待券。

单击"WooCommerce"菜单下的"优惠券"按钮，管理员可以添加优惠券和了解优惠券，如图 9-17 所示。

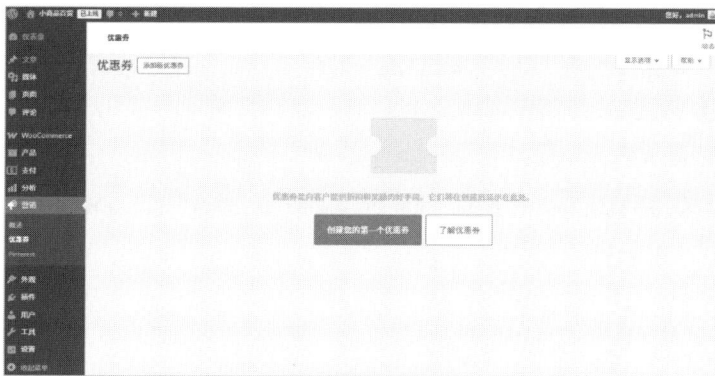

图 9-17　优惠券页面

单击优惠券页面的"添加新优惠券"或"创建您的第一个优惠券"按钮，进入创建新优惠券页面，如图 9-18 所示。

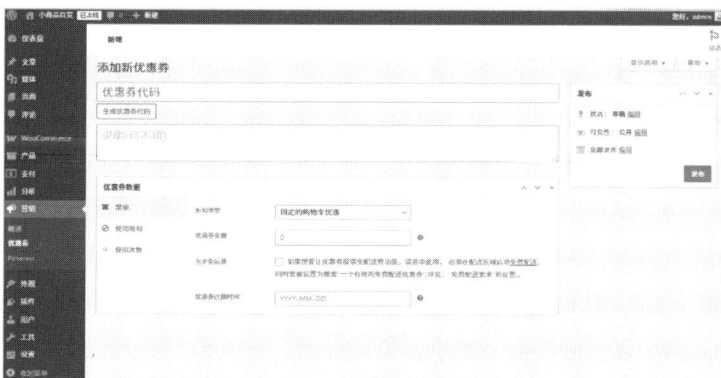

图 9-18　添加优惠券

单击"生成优惠券代码"按钮，自动生成优惠券代码，折扣类型选择为固定的购物车优惠，将优惠券金额设为 5，根据需求勾选"允许免运费"复选框，最后设置优惠券过期时间，其他设置保持默认，如图 9-19 所示。

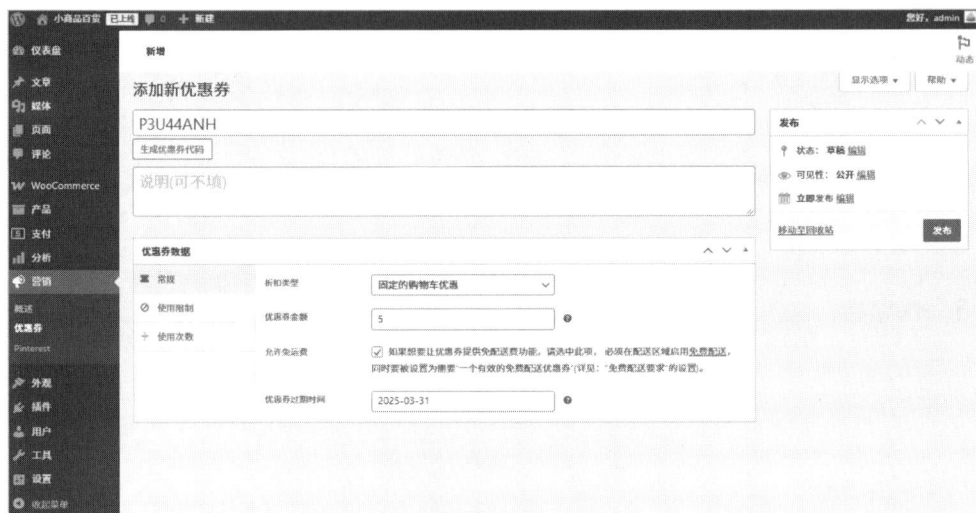

图 9-19　设置优惠券

单击"发布"按钮，编码为"P3U44ANH"的优惠券就正式发布了。管理员可以在优惠券子菜单看到优惠券的代码、优惠券类型、优惠券金额、描述、产品 ID、使用限制、过期时间等信息，如图 9-20 所示。

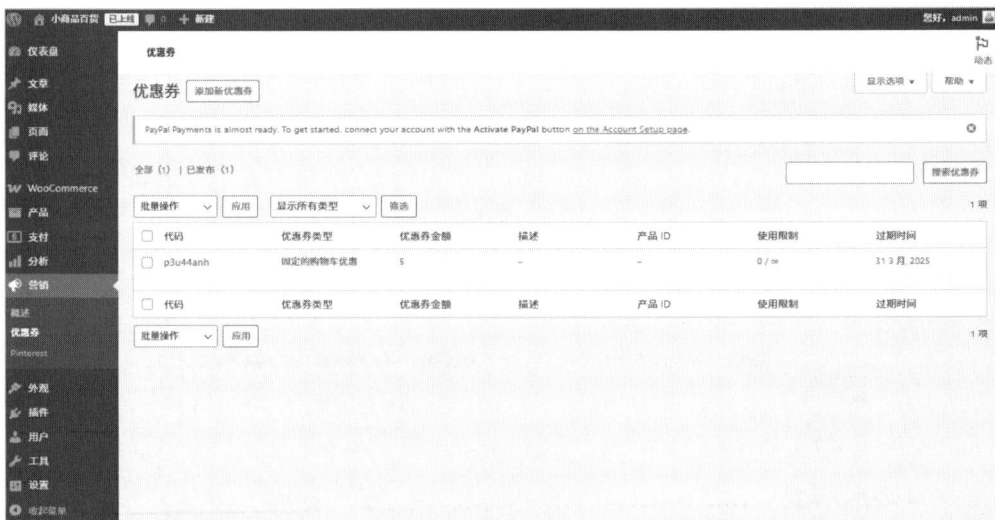

图 9-20　优惠券发布成功

优惠券发布成功后，可以对优惠券进行编辑和移至回收站操作。单击优惠券下方的"编辑"和"移至回收站"按钮进行操作；或者勾选优惠券代码前的复选框，再选择批量操作下拉框中的操作，单击"应用"按钮进行操作，如图 9-21 所示。

如果想对优惠券进行筛选和搜索操作，选择显示所有类型下拉框，可以选择百分比优惠、固定的购物车优惠、固定的产品优惠再单击"筛选"按钮进行筛选；还可以在右上角输入关键词再单击"搜索优惠券"进行搜索，如图 9-22 所示。

图 9-21　优惠券编辑操作

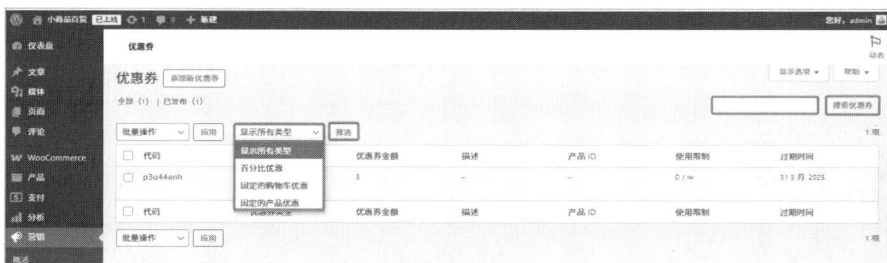

图 9-22　优惠券筛选

优惠券发布成功后，客户在前台"结账页面"就可以使用优惠券购买商品了，如图 9-23 所示。

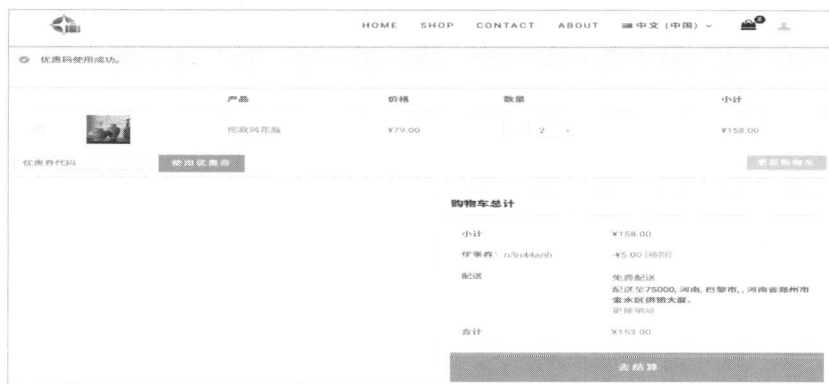

图 9-23　前台使用优惠券

9.2.4　报表

单击 WooCommerce 菜单下的"报表"按钮，进入报表页面，报表包含订单报表、客户报表、库存报表和税费报表。用户在前台购买商品后，管理员就可以在后台看到报表的变化。

1. 订单报表

首先看到的是订单报表，订单报表分为按日期分类销售额、按产品分类销售额、按类别分类销售额、按日期分类优惠券、客户下载。例如，管理员单击"按日期分类销售额"按钮，再单击"本周"按钮后，可以查询到本周的销售额、净销售额、订单数、产品售出数量、退款订单个数和金额、配送收入金额和优惠券折扣金额，如图 9-24 所示。

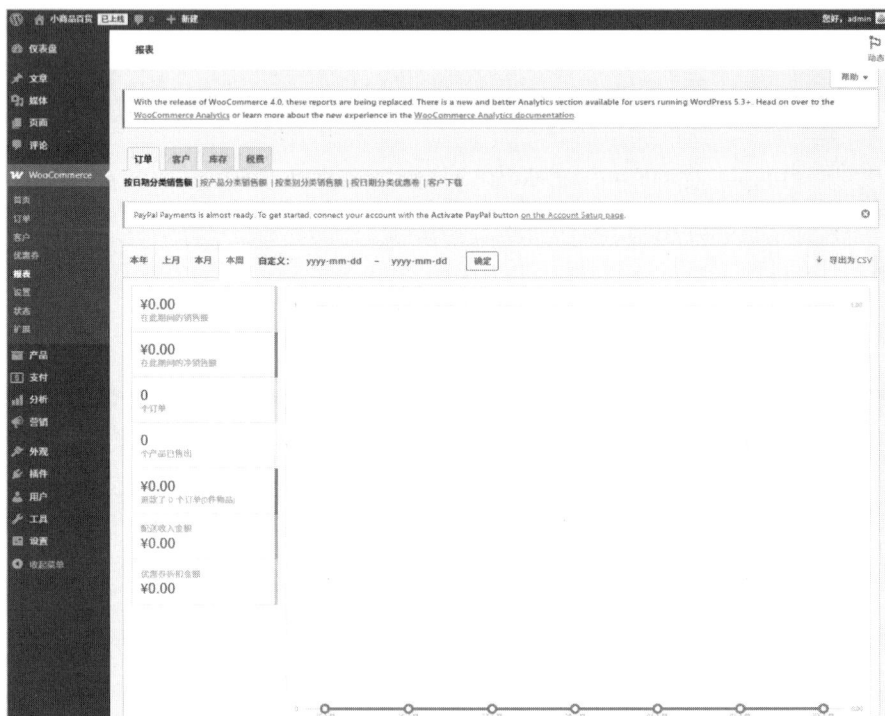

图 9-24　订单报表页面

管理员还可以自定义日期范围，单击"yyyy-mm-dd"选择起始日期，再单击"确定"按钮，查看这一时间段的订单报表，如图 9-25 所示。

图 9-25　自定义日期范围

单击右上角的"导出为 CSV"可以将报表下载到本地计算机，如图 9-26 所示。

2. 客户报表

单击"客户"选项卡，进入客户报表页面，客户报表分为客户与访客、客户列表。例如，管理员单击"客户与访客"按钮，再单击"本周"按钮，可以查看本周的客户报表。如图 9-27 所示。

图 9-26　订单报表导出

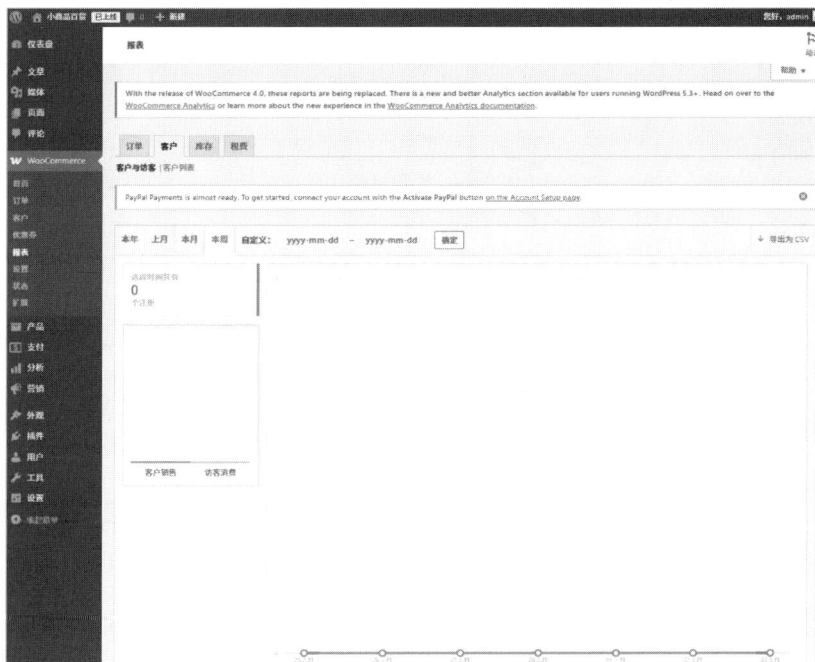

图 9-27　客户报表页面

客户报表的自定义日期查询报表和导出 CSV 操作，与订单报表操作一致。

3. 库存报表

单击"库存"选项卡，进入库存报表页面，库存报表分为库存不足、无货、库存充足。例如，管理员单击"库存充足"按钮可以查看库存充足的产品列表，如图 9-28 所示。

4. 税费报表

单击"税费"选项卡，进入税费报表页面，税费报表分为税收代码和税收日期。例如，管理员单击"税收日期"按钮，再单击"本月"按钮，就可以查看本月的税收日期的列表了，如图 9-29 所示。

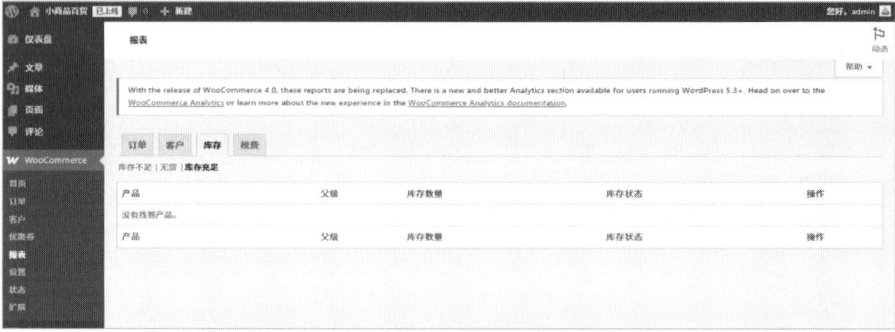

图 9-28　库存报表页面

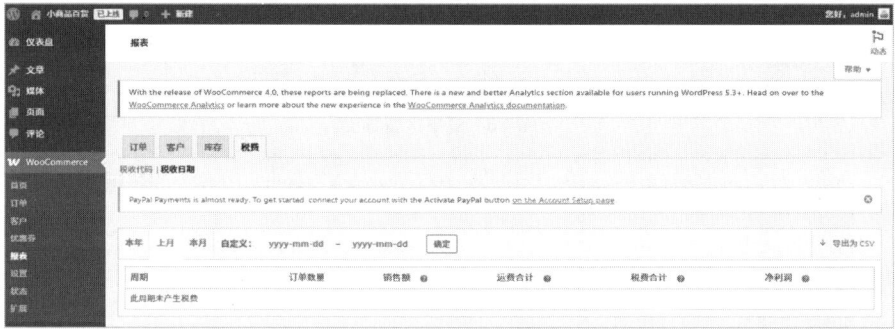

图 9-29　税费报表页面

税费报表的自定义日期查询报表和导出 CSV 操作，与订单报表操作一致。

9.2.5　设置

进入 WordPress 后台管理界面，单击 WooCommerce 菜单下的"设置"按钮，进入插件的设置页面，包括常规、产品、配送、付款、账户和隐私、电子邮件、集成、站点可见性、高级的设置。下面对这些设置进行详细介绍。

1. 常规设置

在设置页面中单击"常规"选项卡后，会进入"常规"设置功能页面，常规设置包括商店地址设置、综合选项和币种选项。

（1）商品地址设置

输入商品地址行 1，地址行 2，城市、国家 / 地区和邮政编码，这将影响运费、税费等设置，如图 9-30 所示。

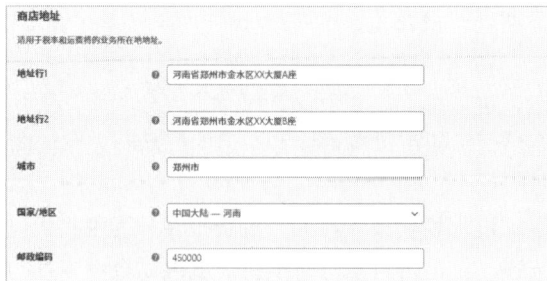

图 9-30　商店地址设置

（2）综合选项设置

根据需求选择商品销售位置、可配送的区域、默认客户位置、是否启用税收功能和是否使用优惠券，如图 9-31 所示。

关于是否启用优惠券，当勾选使用优惠券复选框时，客户在购物车页面就可以看到可以输入优惠券代码的功能框，如图 9-32 所示。

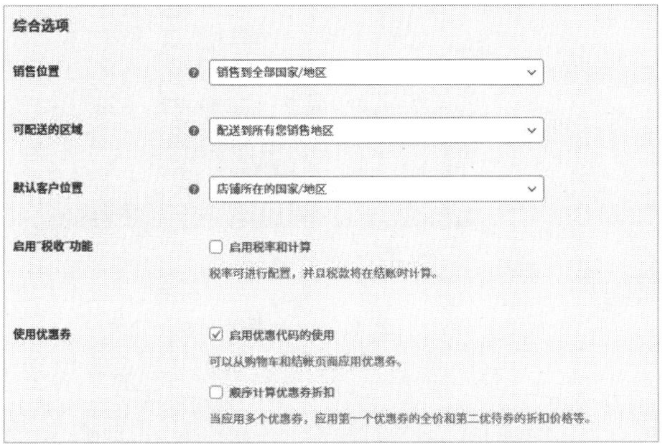

图 9-31　综合选项设置

图 9-32　启用优惠券前台效果页面

（3）币种选择设置

选择希望在商店中使用的货币、币种的位置、千位分隔符、小数分隔符和小数点后的位数，设置完成后单击"保存更改"按钮，如图 9-33 所示。

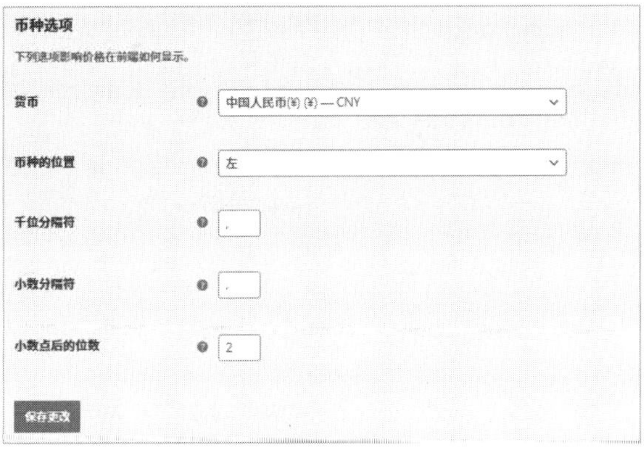

图 9-33　币种选择设置

2. 产品设置

单击"产品"选项卡后，会进入"产品"设置功能页面，这里可以对常规选项和库存选项进行设置，其他选项保持默认。

（1）常规设置

常规设置包括设置商店页、测量和评价。

首先是"商店页"，商店页包括商店页面、加入购物车行为、占位符图片，如图 9-34 所示。

商店页面选择哪一个，则表示哪个详情页面显示商品，例如，这里选择为"商店"，则会在商店页面显示商品，如图 9-35 所示。

加入购物车的行为，如果两者都勾选，直接进入购物车页面，并在最上面显示"继续购物"；如果勾选"添加成功后重定向到购物车页面"，页面也会直接进入购物车页面，并在最上面显示"继续购物"，如图 9-36 所示。

图 9-34　商品页面设置

图 9-35　商品页面显示效果

图 9-36　加入购物车行为效果（1）

如果两者都不勾选，则在本页面显示"查看购物车"，如图 9-37 所示。

如果勾选"在添加到购物车按钮上启用 AJAX"，在单击"加入购物车"时会有加载效果，页面停留在商店页面，如图 9-38 所示。

图 9-37　加入购物车行为效果（2）

图 9-38　加入购物车行为效果（3）

上述四种方式管理员可以根据需求自行选择。

然后是"测量"，测量包括重量和尺寸的计量单位（如千克、厘米）；评价包括允许评价和产品评级。设置完成后单击"保存更改"按钮，如图 9-39 所示。

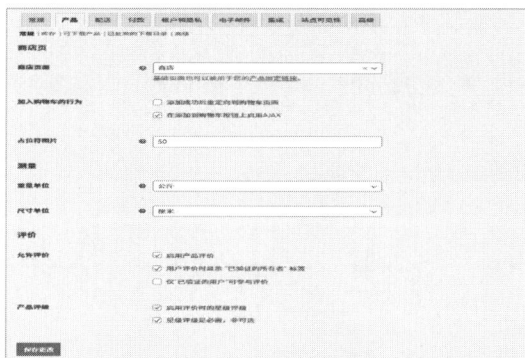

图 9-39　测量单位设置

设置完成后，管理员在添加新商品时对产品数据配置时，则会显示本次设置的测量单位，如图 9-40 所示。

最后是"评价"，评价设置包括允许评价和产品评级，如图 9-41 所示。

图 9-40　测量单位设置效果

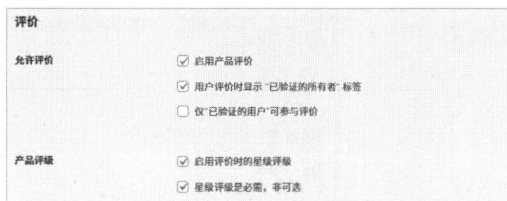

图 9-41　评价设置

设置后，用户可以在前台页面的商品详情页面中的"用户评价"中查看评价、选择评级、输入评价操作，如图 9-42 所示。

图 9-42　评价设置效果

（2）库存设置

启用此库存管理功能，可以自动跟踪库存状态，设置完成后单击"保存更改"按钮，如图 9-43 所示。

3. 配送设置

单击"配送"选项卡后，显示"配送"设置功能页面，管理员可以对配送区域、运输设置、类别和本地自提设置。

（1）配送区域

在配送区域功能页面，可以看到区域的名称、地域、配送类型信息，管理员可以对此进行

"编辑"和"删除"操作，如图 9-44 所示。

图 9-43　库存设置

图 9-44　配送设置页面

单击"编辑"按钮，管理员可以对"区域的名称""区域范围"和"配送方式"进行编辑，管理员还可以单击"添加配送方式"按钮添加其他的配送方式，设置完成单击"保存更改"按钮即可，如图 9-45 所示。

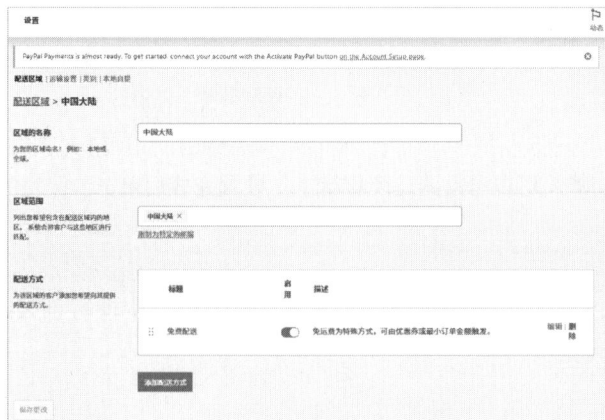

图 9-45　编辑配送区域

配送区域设置完成后，用户在前台页面进入"结算"页面，显示配送地址和配送方式，用户还可以直接在输入框中更换收货地址，更换收货国家/地区，收货人、地址等信息，如图 9-46 所示。

图 9-46　配送区域显示效果

（2）运输设置

单击"运输设置"按钮，进入"运输设置"页面，可以设置计算、配送目的地、调试模式，如图 9-47 所示。

在"配送页面"中，将"配送目的地"设置为"默认为客户账单地址"，在前台结算页面，地址有两个，一个是账单地址，另一个是配送地址，用户根据需求设置地址，如图 9-48 所示。

图 9-47　运输设置

图 9-48　配送目的地设置效果（1）

如果将"配送目的地"设置为"强制配送到客户的账单地址"，在前台结算页面，用户的账单和配送地址为同一个，如图 9-49 所示。

图 9-49　配送目的地设置效果（2）

（3）类别

单击"类别"按钮后，进入"类别"页面，可以看到运费类、别名、描述、产品数量等信息。在此页面单击"添加配送类型"按钮可以自定义运费，特别是邮费较高的重物，如图 9-50 所示。

图 9-50　类别设置

单击"添加配送类型"按钮，在弹出页面内输入运费类、别名、描述，输入完成后单击"创建"按钮添加配送类型，如图 9-51 所示。

图 9-51　添加配送类型

（4）本地自提

单击"本地自提"按钮后，进入"本地自提"页面，管理员可以启用本地取件服务、设置标题和自提位置，设置完成后单击"保存更改"按钮，如图 9-52 所示。

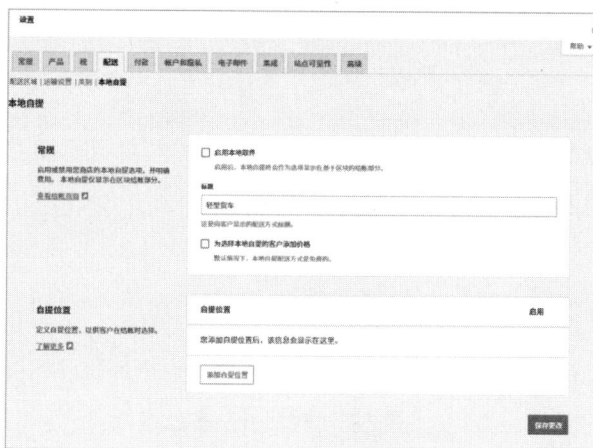

图 9-52 设置本地自提

4. 付款设置

单击"付款"选项卡后，显示"付款"设置功能页面，管理员可以选择支持的支付网关，WooCommerce 插件提供多种付款方式，包括"离线付款"和"PayPal"，如图 9-53 所示。

图 9-53 付款设置

管理员单击"接受离线付款"按钮，能够看到离线付款包括银行汇款、支票付款、货到付款三种方式，单击银行汇款后的"管理"按钮，管理员可以勾选启用银行转账，设置银行汇款的标题、描述、说明，并单击"添加账户"按钮添加账户的账户名、账号、银行名称等，设置完成后单击"保存更改"按钮，如图 9-54 所示。

5. 账户和隐私设置

单击"账户和隐私"选项卡后，会进入"账户和隐私"设置功能页面，管理员可以对账户和隐私进行设置。

（1）账户设置

设置允许客户在结账时创建账户，并选择是否在结账时强制要求用户登录，如图 9-55 所示。

图 9-54　银行汇款设置

（2）隐私设置

设置隐私政策页面，并定义客户数据的保存期限。设置完成后单击"保存更改"按钮，如图 9-56 所示。

图 9-55　账户设置

图 9-56　隐私设置

6. 电子邮件设置

单击"电子邮件"选项卡，会进入"电子邮件"设置功能页面，管理员可以设置订单通知和电子邮件模板。

（1）订单通知设置

配置订单创建、取消、处理、完成等状态时发送的邮件，如图 9-57 所示。

管理员可以单击订单名称后的"管理"按钮进行管理设置，例如，进入"新订单"管理页面，可以设置"新订单"的启用/禁用、电子邮件收件人选项、主题、电邮内容的标题、附加内容、电子邮件类型，设置完成后单击"保存更改"按钮，如图 9-58 所示。

（2）邮件模板设置

管理员可以自定义邮件的外观和内容，确保品牌一致性。设置完成后单击"保存更改"按钮，如图 9-59 所示。

图 9-57　订单通知设置

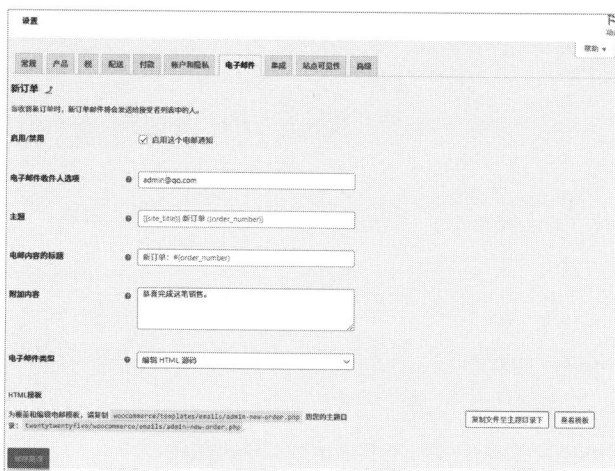

图 9-58　订单管理设置

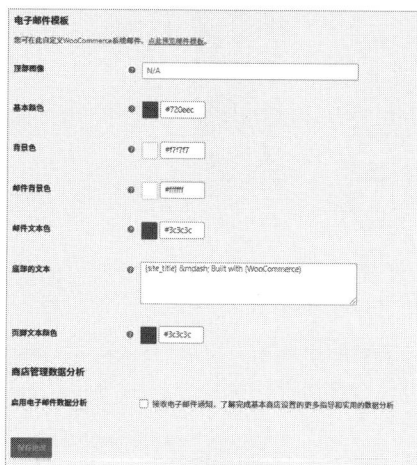

图 9-59　邮件模板设置

7. 站点可见性设置

选择站点可见性为"已上线"，设置完成后单击"保存更改"按钮，如图 9-60 所示。

图 9-60　站点可见性设置

设置完成后，单击站点名称下的"查看商店"，就可以进入商店前台页面。

9.2.6 状态

单击"WooCommerce"菜单下的"状态"按钮，进入状态页面，状态包括系统状态、工具、日志和计划操作。

1. 系统状态

单击"系统状态"选项卡，可以查看 WordPress 环境、服务器环境、数据库、文章类型数量、安全、启用插件、未激活的插件、设置、日志记录、WooCommerce 页面、主题、模板等功能，如图 9-61 所示。

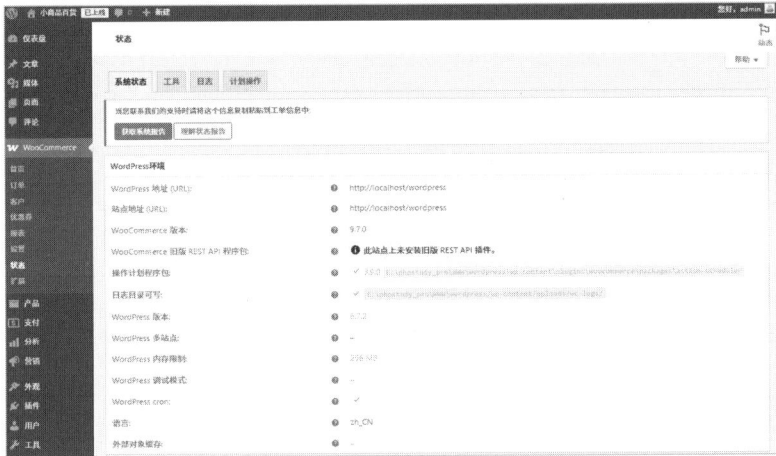

图 9-61 系统状态页面

2. 工具

单击"工具"选项卡，可以查看 WooCommerce 瞬变、清除瞬态缓存、孤立的变量产品、已用完的下载权限、产品查找表、术语、功能、清除客户会话、清除模板缓存、清除系统状态主题信息缓存、创建默认的 WooCommerce 页面等功能，如图 9-62 所示。

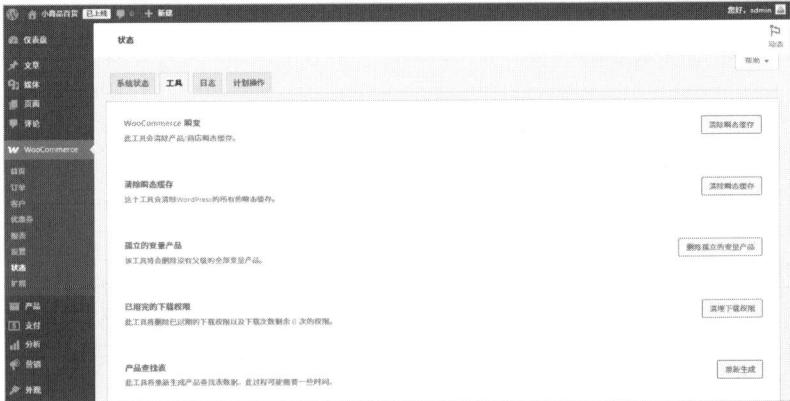

图 9-62 工具页面

3. 日志

单击"日志"选项卡，展示所有的日志文件。管理员可以对日志文件进行下载、永久删除操作，勾选日志文件前的复选框，选择批量操作下拉框中的操作，单击"应用"按钮即可，如图 9-63 所示。

图 9-63　日志操作（1）

还可以单击日志文件进行操作，例如，单击日期为 2025-03-04 的"log"文件，进入日志文件设置页面，在这里可以查看日志文件，还可以单击右上角"下载"和"永久删除"按钮进行操作，如图 9-64 所示。

图 9-64　日志操作（2）

如果想对日志文件进行筛选和搜索操作，可以选择全部来源下拉框中的操作，再单击"筛选"按钮进行筛选操作，还可以通过输入关键词再单击"搜索"按钮进行搜索操作，如图 9-65 所示。

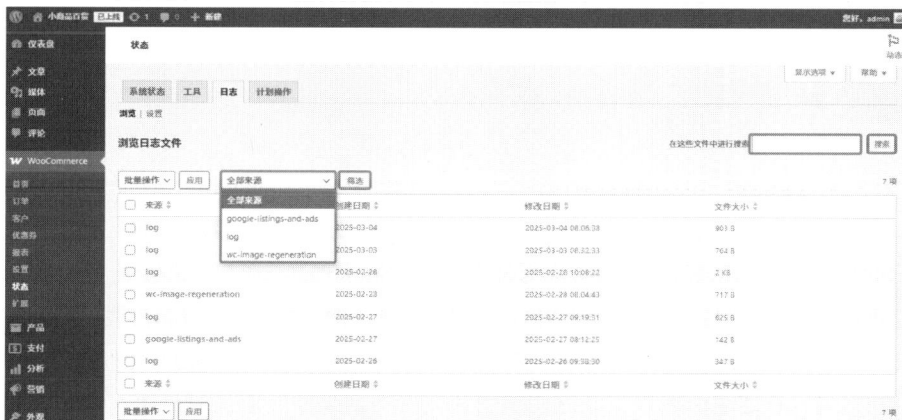

图 9-65　日志筛选

4. 计划操作

单击"计划操作"选项卡，可以查看所有的操作，并且可以对这些操作进行删除。勾选复选框，选择批量操作下拉框下的"删除"操作，再单击"应用"按钮即可，如图 9-66 所示。

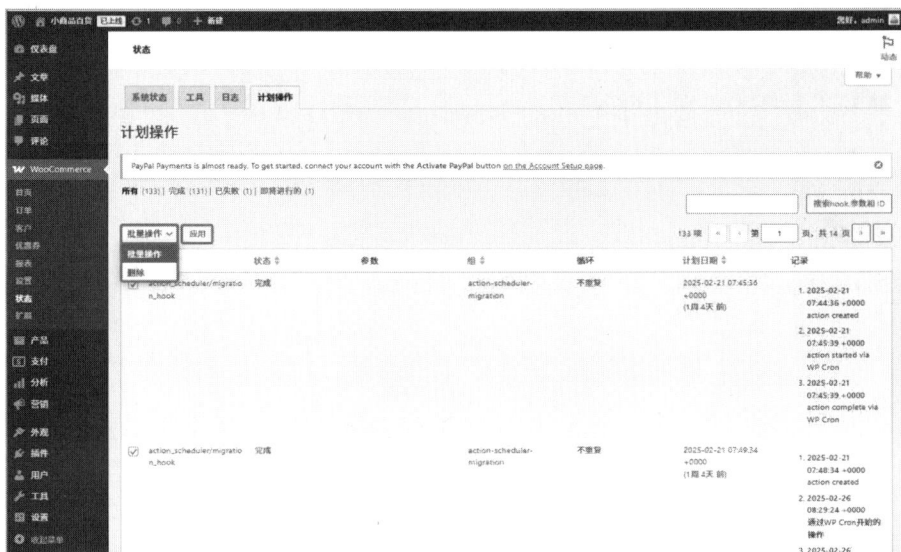

图 9-66　计划操作

如果想对计划操作进行筛选和排序，可以通过钩子、状态、组、计划日期和关键词进行筛选排序操作，如图 9-67 所示。

图 9-67　计划操作筛选

在建立外贸站时，关于状态，管理员只需要知道 WooCommerce 版本和 WordPress 版本就可以了。

9.2.7　扩展

单击"WooCommerce"菜单下的"扩展"按钮，扩展包括 Discover、扩展、主题、商业服装和我的订阅。在这里，可以安装这些免费和收费插件来扩展自己的商店，满足电商运营的需求，如图 9-68 所示。

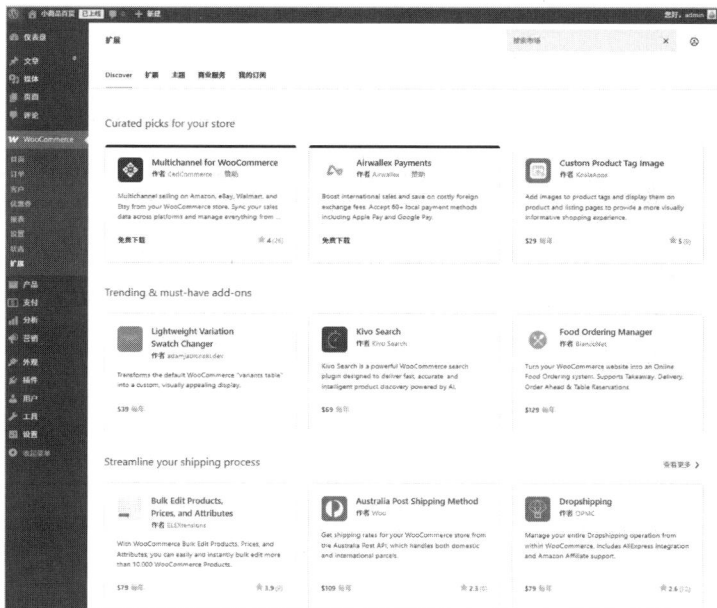

图 9-68　扩展页面

注意：扩展是为了商店功能更加丰富，方便管理员维护。并不是插件越多越好，功能越多越难维护。

9.2.8　产品管理

在 WordPress 后台管理页面，管理员可以看到商品的缩略图、名称、库存、价格、分类、标签、品牌、日期等信息。

单击"产品"菜单下的"全部产品"按钮，页面显示在导入模板时产生的产品，管理员勾选复选框，选择"批量操作"下拉框中的"移至回收站"，再单击"应用"按钮将模板产生的产品移到回收站，如图 9-69 所示。

图 9-69　将模板产生产品删除

单击"添加新产品"按钮或直接单击左侧"添加新产品"子菜单，进入添加新产品页面，如图 9-70 所示。

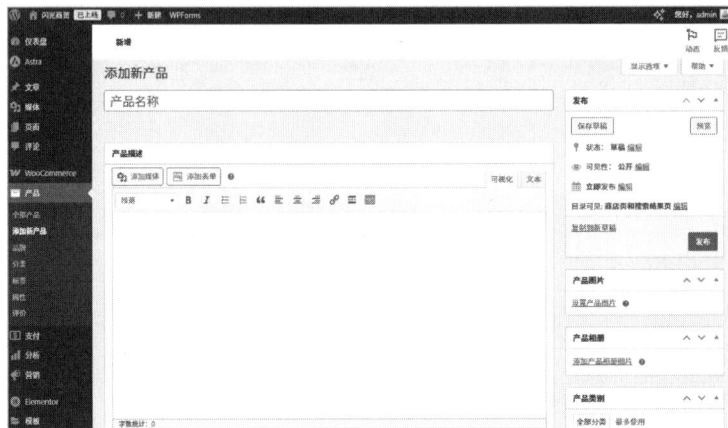

图 9-70　添加新产品页面

在后台添加商品的步骤如下。

1. 产品名称

在"产品名称"输入框中输入产品名称，比如"中古风花瓶"，输入产品名称后，自动生成固定链接，如图 9-71 所示。

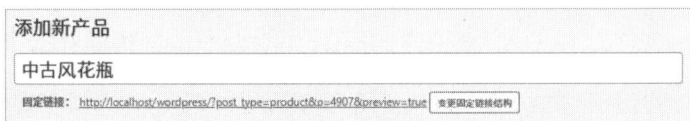

图 9-71　输入产品名称

2. 产品描述

在"产品描述"输入框对产品进行详细描述，比如，中文名、英文名、材质、产地、摆放类别、风格等，如图 9-72 所示。

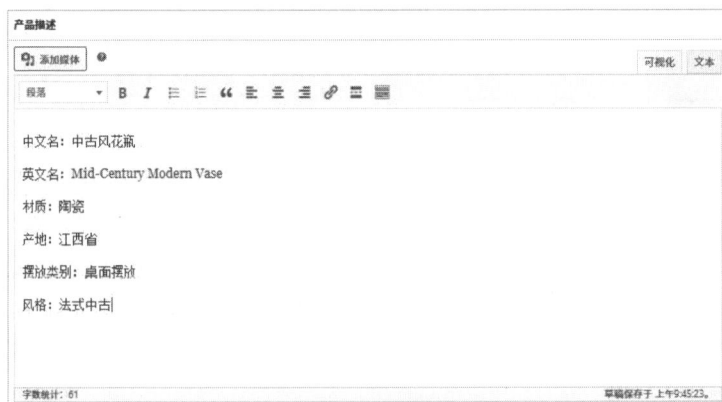

图 9-72　输入产品描述

3. 产品数据

"产品数据"包括常规、库存、配送、联锁产品、属性、高级和 Pinterest 的设置。

首先是对"常规"选项的设置，输入"常规数据"为 139，输入"促销价格"为 89，如图 9-73 所示。

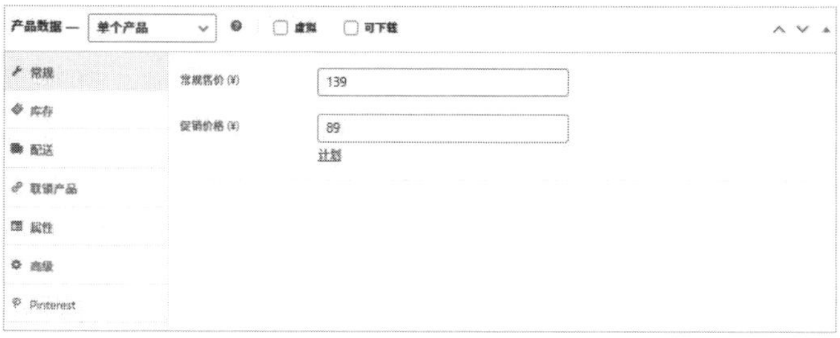

图 9-73　产品数据的常规设置

然后是对"库存"的设置，输入"SKU"即库存单位为个，"库存状态"选择为"有货"，如图 9-74 所示。

图 9-74　产品数据的库存设置

接着是对"配送"的设置，将"重量"设置为"2"，"外形尺寸"分别为 30、40、60，"运费类"选择"无运费类别"，如图 9-75 所示。

图 9-75　产品数据的配送设置

接着是对"联锁产品"的设置，这里保持默认，不输入任何内容，如图 9-76 所示。

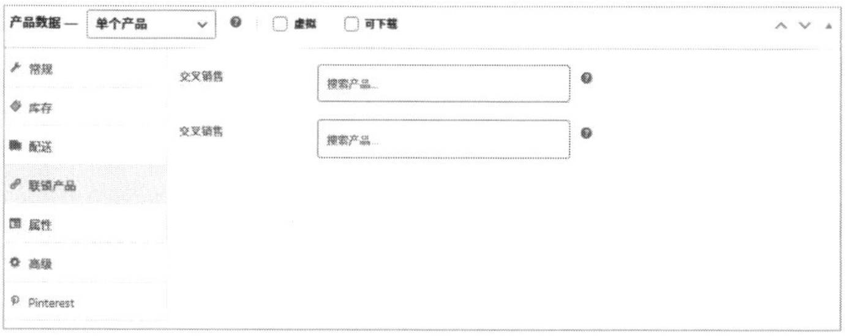

图 9-76　产品数据的联锁产品设置

接着是对"属性"的设置，在这里不需要定义产品属性，所以不输入任何内容，如图 9-77 所示。

图 9-77　产品数据的属性设置

最后是"高级"设置，在"购物备注"输入框中输入"商品 72 小时内发货"，勾选"允许评价"复选框，如图 9-78 所示。

图 9-78　产品数据的高级设置

4. 产品简短描述

在"产品简短描述框"输入框对产品进行简单描述，比如，"融合了复古元素与现代审美，展现出独特的艺术魅力"，如图 9-79 所示。

图 9-79　产品的简短描述

5. 发布

在"发布"功能栏目中，将状态、可见性、发布时间保持默认，如图 9-80 所示。

6. 产品图片

在"产品图片"功能栏目中，可单击"设置产品图片"按钮进行设置，如图 9-81 所示。

图 9-80　发布设置

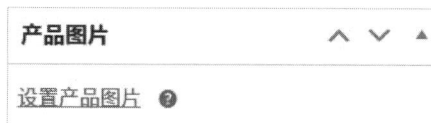

图 9-81　产品图片设置

单击"设置产品图片"按钮，进入产品图片上传文件页面，如图 9-82 所示。

图 9-82　上传产品图片

单击"上传文件"按钮，选择本地图片将图片上传至服务器，如图 9-83 所示。

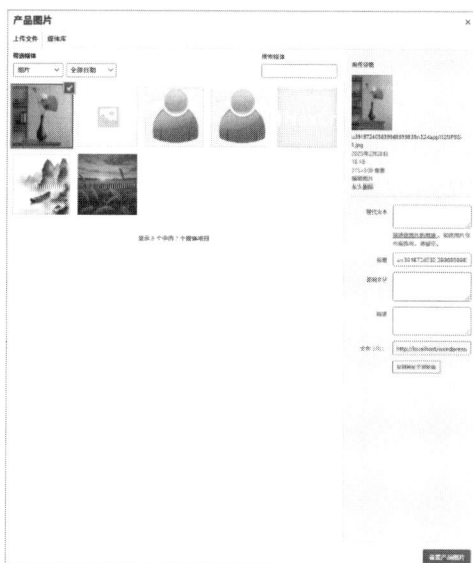

图 9-83　上传产品图片至媒体库

上传完成后单击右下角"设置产品图片"按钮，就会在产品图片功能栏目显示该图片，如图 9-84 所示。

7. 产品相册

在"产品相册"功能栏目中，可单击"添加产品相册图片"按钮进行设置，如图 9-85 所示。

图 9-84　显示产品图片

图 9-85　产品相册设置

单击"添加产品相册图片"按钮进入添加图片到产品相册页面，在此页面，用户可以选择上传文件或者在媒体库选择图片，如图 9-86 所示。

上传完成后单击右下角"添加至相册"按钮，并在产品相册功能栏目显示。产品相册允许添加多张图片，再添加照片重复此操作即可。这里添加了两张产品图片，如图 9-87 所示。

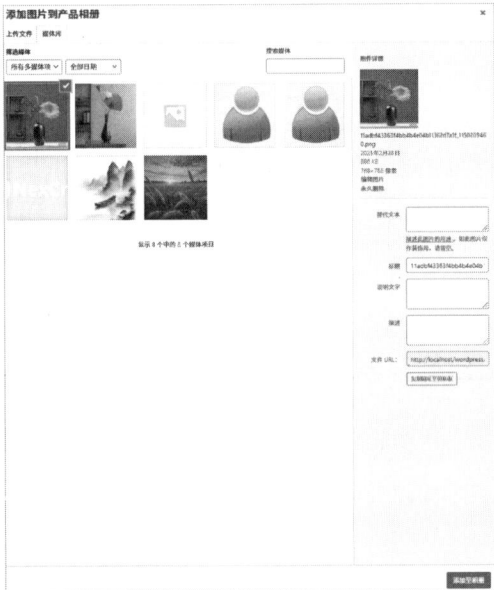

图 9-86　上传文件或在媒体库选择图片

图 9-87　显示产品相册

8. 产品类别

在"产品类别"功能栏目中，单击"添加新分类"按钮，在输入框输入产品类别名称，这里输入"花瓶"，如图 9-88 所示。

输入完成后单击"添加新分类"按钮，类别添加成功，如图 9-89 所示。

图 9-88　产品类别设置　　　　　图 9-89　产品类别添加成功

9. 产品标签

在"产品标签"功能栏目中，单击"添加新分类"按钮，在输入框输入标签名称，这里输入"装饰品"，如图 9-90 所示。

输入完成后单击"添加"按钮，标签添加成功，如图 9-91 所示。

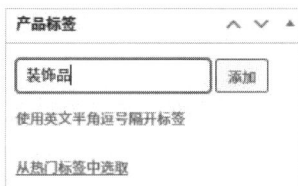

图 9-90　添加产品标签　　　　　图 9-91　产品标签添加成功

10. 品牌

在"品牌"功能栏目中，单击"添加新品牌"按钮，在输入框中输入品牌名称，比如，装饰工坊，如图 9-92 所示。

品牌名称输入完成后，单击"添加新品牌"按钮，品牌名称添加成功并勾选，如图 9-93 所示。

图 9-92　添加新品牌　　　　　图 9-93　添加新品牌成功

全部设置完成后单击"发布"按钮，这样一个新产品就发布成功了。用户可以在"产品"菜单下的"全部产品"中进行查看，在该页面中可以看到添加的"中古风花瓶"则证明新增商品成功。用户可重复上述操作步骤，添加其他产品，如图 9-94 所示。

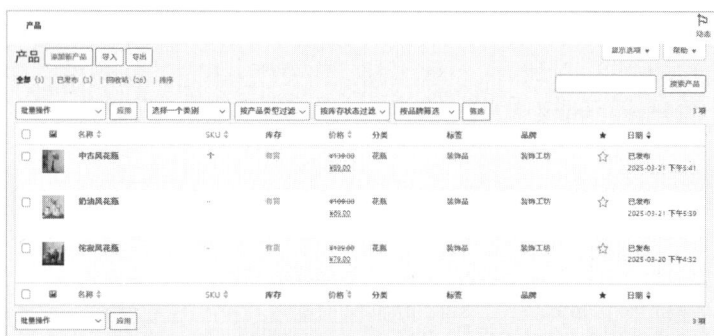

图 9-94　新增商品成功

商品添加成功后，前台 SHOP 页面会显示增加的商品，如图 9-95 所示。

图 9-95　前台商品页

在全部产品页面，管理员可以"导入"和"导出"产品；还可以通过类别、产品类型、库存状态、品牌、关键词进行筛选；还可以通过名称、SKU、价格、日期对产品进行排序操作，如图 9-96 所示。

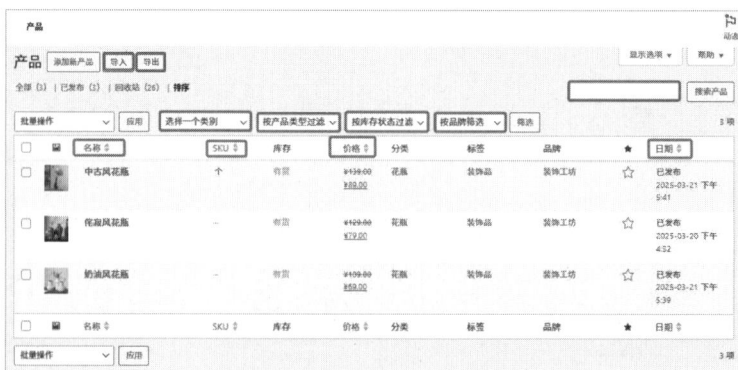

图 9-96　产品筛选和排序操作

第**10**章

外贸建站核心：功能插件安装

📖 本章概述

在全球化数字贸易时代，语言与支付是外贸网站的两大核心支柱。本章将带您完成多语言与多支付插件的关键配置，为您的跨境业务搭建无障碍的国际化桥梁。让我们从这两大核心功能入手，为您的跨境电商平台打下坚实基础，开启全球化运营的第一步。

📖 知识导读

本章要点（已掌握的在方框中打钩）

☐ Polylang 插件的概念

☐ Polylang 插件的安装与配置

☐ Stripe 插件

☐ Stripe 插件的安装与配置

10.1　安装多语言插件

在全球化的数字贸易时代，语言障碍是外贸网站面临的首要挑战。安装多语言插件能有效突破这一瓶颈，让您的产品和服务跨越语言边界直达全球客户。它不仅能够提升用户体验和信任度，更能优化国际 SEO 排名，显著提高转化率。对任何希望拓展海外市场的外贸企业而言，多语言支持已从"加分项"变为"必备功能"，是赢得国际市场竞争优势的战略选择。

10.1.1　Polylang 插件概念

Polylang 是一款流行的 WordPress 多语言插件，特别适合外贸网站实现多语言化，通过 Polylang，外贸网站可以轻松实现多语言化，提升国际用户的访问体验以吸引全球用户。它允许用户轻松创建和管理多语言网站，它支持多种语言，并提供了灵活的翻译管理功能，无须依赖第三方服务。以下是其主要特点。

（1）多语言内容管理：为文章、页面、自定义文章类型、分类目录、标签等添加多语言版本。每种语言的内容独立编辑，关联相同内容的翻译版本。

（2）语言切换器：提供小工具（Widget）、菜单项或短代码，方便访客切换语言，支持下拉菜单、标志图标或语言名称显示。

（3）SEO 友好：为每种语言生成规范的 URL，帮助搜索引擎识别多语言内容。

（4）翻译管理：可手动翻译内容，或与翻译服务（如 Lingotek）集成，支持字符串翻译（如站点标题、小工具文本等）。

（5）多语言媒体库：为不同语言上传不同的特色图片或媒体文件。

10.1.2 安装插件

在 WordPress 后台管理页面，单击"插件"菜单下的"安装新插件"按钮，进入插件安装管理页面。在搜索框中输入"Polylang"，单击"立即安装"按钮，安装插件，如图 10-1 所示。

安装完成后单击"启用"按钮进入设置向导页面，如图 10-2 所示。

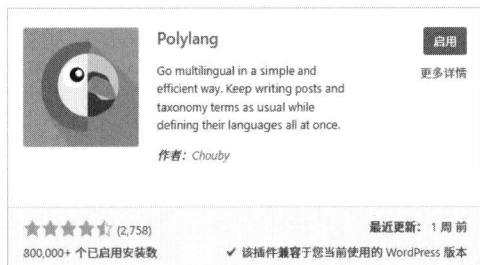

图 10-1　安装 Polylang 插件

图 10-2　Polylang 插件向导设置（1）

首先在"选择要添加的语言"下拉框中选择想要添加的语言，单击"添加语言"按钮，选择完成后单击"继续"按钮，如图 10-3 所示。

图 10-3　Polylang 插件向导设置（2）

然后选择是否勾选"允许 Polylang 翻译媒体"，一般选择不勾选，完成后单击"继续"按钮，如图 10-4 所示。

接着选择要分配的语言，这里默认选择中文，设置完成后单击"继续"按钮，如图 10-5 所示。

图 10-4 Polylang 插件向导设置（3）

图 10-5 Polylang 插件向导设置（4）

再是对首页的设置，单击"继续"按钮，如图 10-6 所示。

最后，设置完成，Polylang 给出翻译文章、页面、创建菜单的指南等，管理员可以阅读文档进行下一步操作，完成后单击"返回仪表盘"按钮，如图 10-7 所示。

图 10-6 Polylang 插件向导设置（5）

图 10-7 Polylang 插件安装完成

10.1.3 插件配置

Polylang 插件安装完成后，需要翻译产品、分类、标签、页面等内容，下面详细介绍如何翻译。

1. 翻译产品

在 WordPress 后台管理页面，单击"产品"菜单下的"全部产品"按钮，在产品右侧单击"+"号，在韩语中添加译文，如图 10-8 所示。

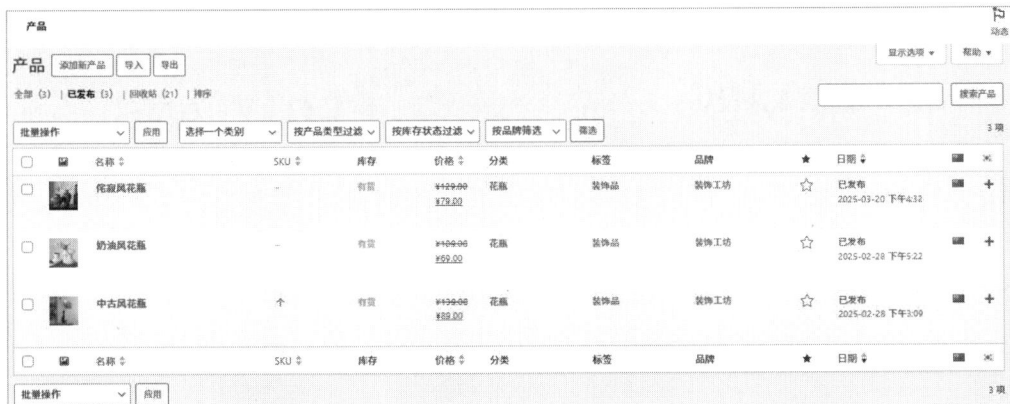

图 10-8　产品页面

单击"+"号进入新增产品页，这里添加的新产品名称、产品描述、产品数据、产品简短描述、分类、标签、品牌等均为韩文版，如图 10-9 所示。

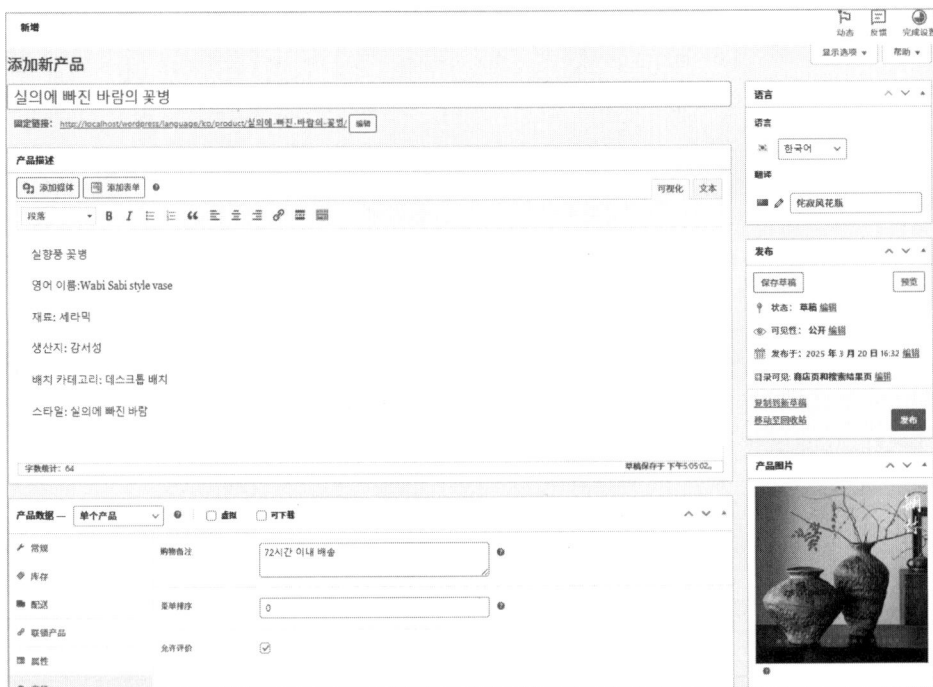

图 10-9　新增韩语产品

设置完成后单击"发布"按钮，在"全部产品"中则会显示产品的韩文版，如图 10-10 所示。其他的韩语产品按照上述操作即可。

2. 翻译页面及页面设计

在 WordPress 后台管理页面，单击"页面"菜单下的"所有页面"按钮，单击 HOME 页面最右侧"+"号，在韩语中添加译文，如图 10-11 所示。

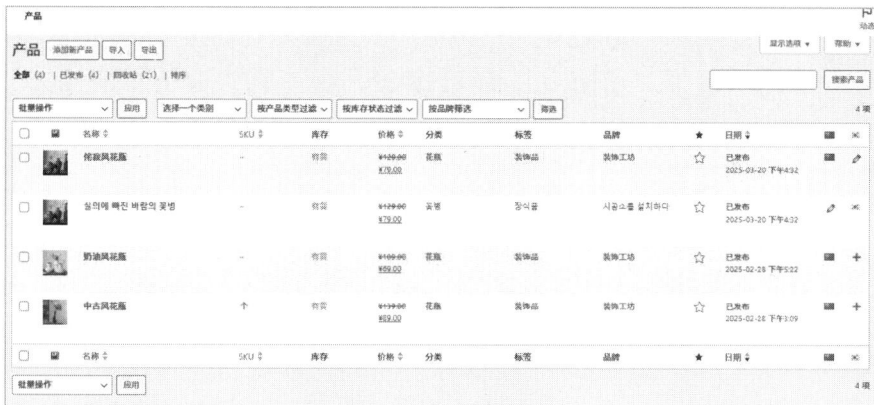

图 10-10　新增韩语产品成功

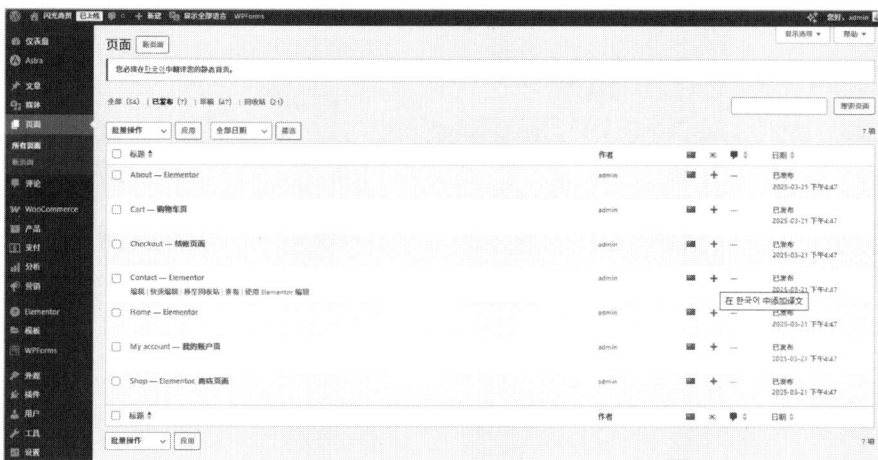

图 10-11　所有页面

单击"+"号后，进入添加新页面，在"添加标题"处输入韩文的"首页"，设置完成后单击上方"使用 Elementor 编辑"按钮进入编辑页面，如图 10-12 所示。

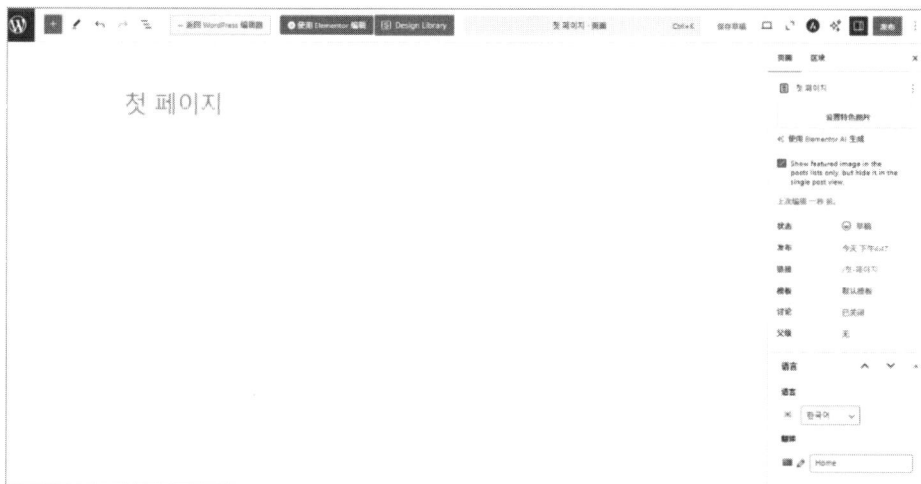

图 10-12　添加韩文版标题

首页设置主要包括对图像、标题、按钮、图像框和简码的设置。

（1）图像

选择图像，左侧面板显示"编辑容器"，管理员可以编辑容器的布局、样式和高级设置。

首先是"布局"的设计，容器的布局包括容器布局的选择、内容宽度、宽度、最小高度、方向、主轴对齐、副轴对齐、间距、换行等设置，管理员可以根据需求自行设计，如图 10-13 所示。

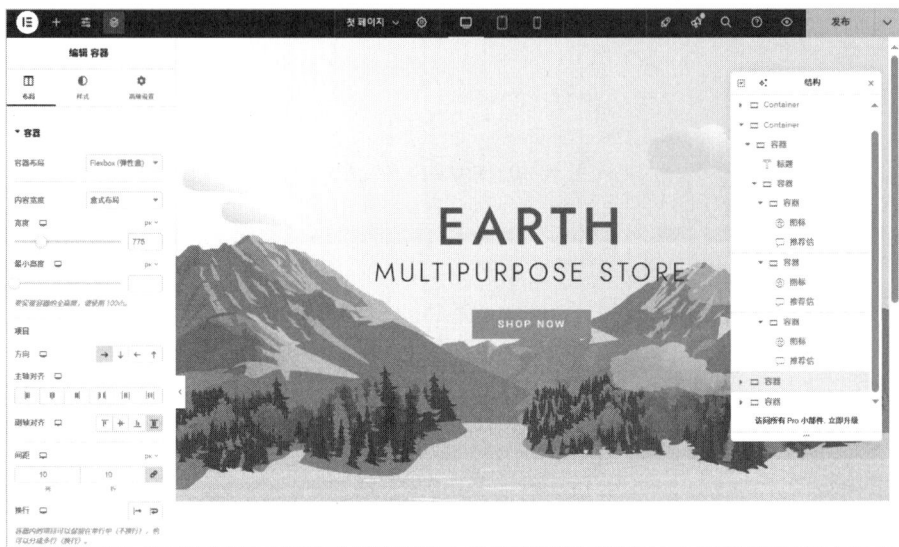

图 10-13　编辑容器布局

然后是"样式"的设计，单击"样式"按钮切换编辑容器的样式，管理员可以编辑容器的背景、背景覆盖、边框和形状分割线等，如图 10-14 所示。

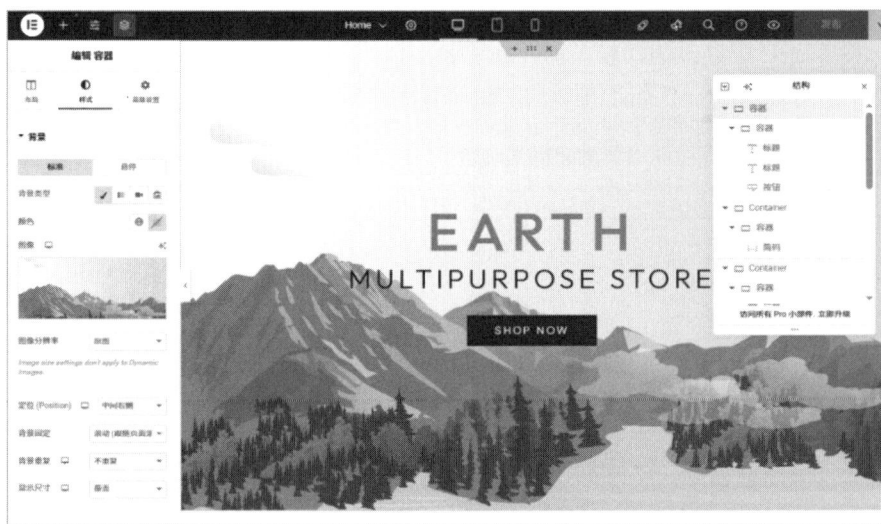

图 10-14　编辑容器样式

这里主要设置"图像"，鼠标指针移到图像上单击"选择图像"按钮上传文件选择图像设置，设置完成如图 10-15 所示。

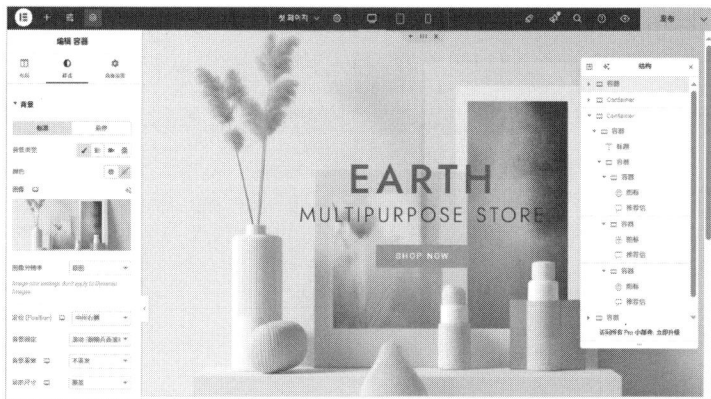

图 10-15　编辑图像

最后是"高级设置"，单击"高级设置"按钮，管理员可以对布局、动作效果、变换、响应式、属性和自定义 CSS 进行设置，如图 10-16 所示。

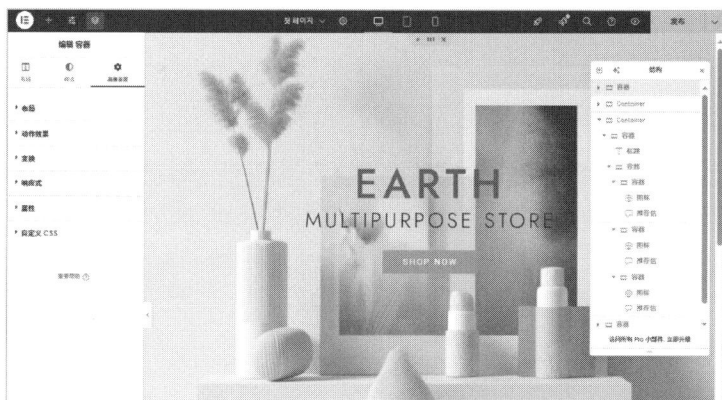

图 10-16　容器高级设置

（2）标题

单击"标题"按钮可以编辑第一个标题，管理员可以设置标题的内容、样式和高级设置。

首先是"内容"的设计，标题的内容设置主要包括文字内容、链接和 HTML 标签，这里主要设置标题的文字内容和链接，这里输入"SHOP"页面的链接，如图 10-17 所示。

图 10-17　编辑标题内容和链接

　　然后是"样式"的设计，单击"样式"按钮切换编辑标题的样式，管理员可以设置标题的对齐方式、排版、文字描边、文本阴影、混合模式和文本颜色，如图 10-18 所示。

图 10-18　编辑标题样式

　　最后是"高级设置"，单击"高级设置"按钮，管理员可以对布局、动作效果、变换、背景、边框、遮罩、响应式、属性和自定义 CSS 进行设置，如图 10-19 所示。

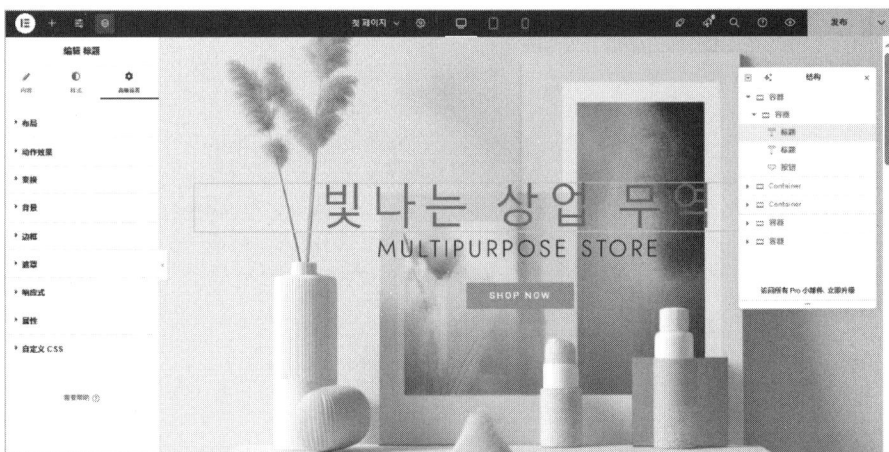

图 10-19　标题高级设置

　　其余标题按照上述操作设置。

（3）按钮

　　单击"按钮"可以编辑第一个按钮，管理员可以设置按钮的内容、样式和高级设置。

　　首先是"内容"的设计，按钮的内容设置主要包括按钮类型、文本、链接、图标和按钮 ID，这里主要设置标题的文本和链接，如图 10-20 所示。

　　然后是"样式"的设计，单击"样式"按钮切换编辑按钮的样式，管理员可以设置按钮的定位、排版、文字阴影、文本颜色、背景类型、颜色、盒阴影、边框类型、边框圆角、内距，如图 10-21 所示。

　　最后是"高级设置"，单击"高级设置"按钮，管理员可以对布局、动作效果、变换、背景、边框、遮罩、响应式、属性和自定义 CSS 进行设置，如图 10-22 所示。

图 10-20　编辑按钮文本内容

图 10-21　编辑按钮样式

图 10-22　按钮高级设置

其余按钮按照上述操作设置。

（4）简码

单击"简码"按钮进入简码的编辑页面，管理员可以设置内容和高级设置。

首先是"内容"的设计，简码的内容主要设置行和列展示商品的个数，例如，将
"columns"的值设置为2，则一行显示两个产品，如图10-23所示。

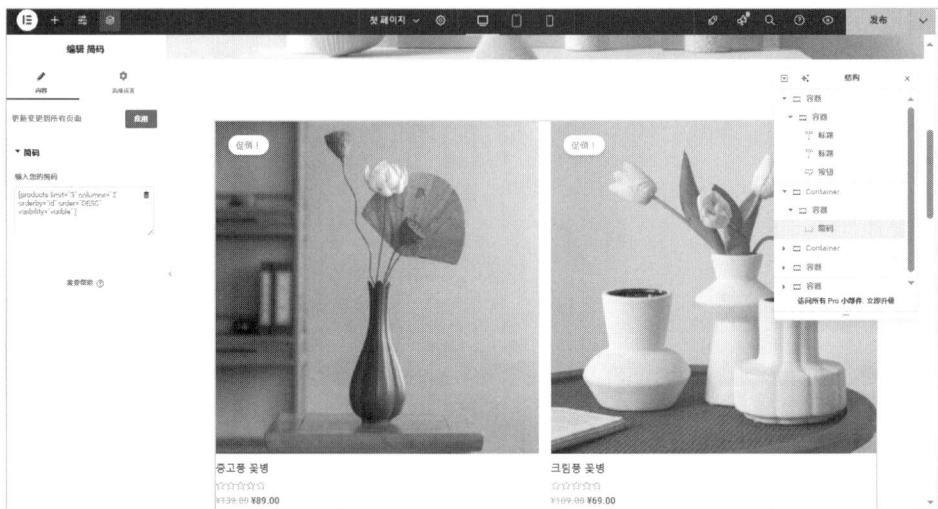

图 10-23　编辑简码内容

然后是"高级设置"，单击"高级设置"按钮，管理员可以对布局、动作效果、变换、背
景、边框、遮罩、响应式、属性和自定义 CSS 进行设置，如图10-24所示。

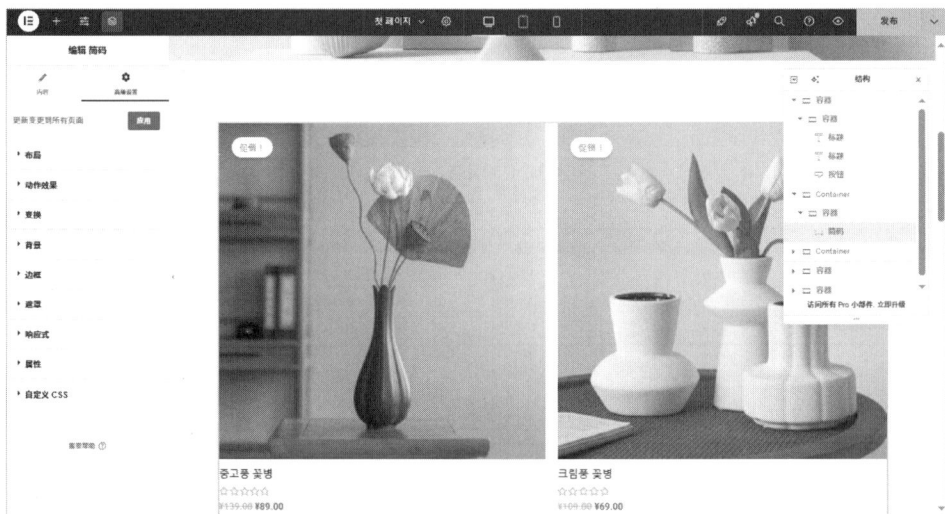

图 10-24　简码高级设置

设置完成后，管理员单击左上角"应用"按钮可以将更新变更到所有页面。

（5）图标

单击"图标"按钮可以编辑图标，管理员可以设置图标的内容、样式和高级设置。

首先是"内容"的设计，图标的内容设置主要包括图标照片、视图和链接，这里主要设置
图标，鼠标指针移到图标上，单击"图标库"按钮进入图标库选择图标，如图10-25所示。

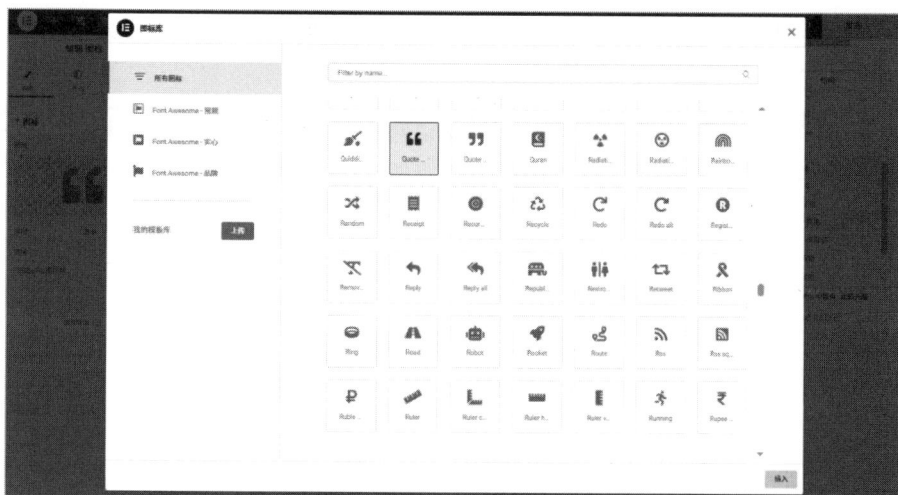

图 10-25　设置图标

设置完成后，单击"插入"按钮，图标设置成功，如图 10-26 所示。

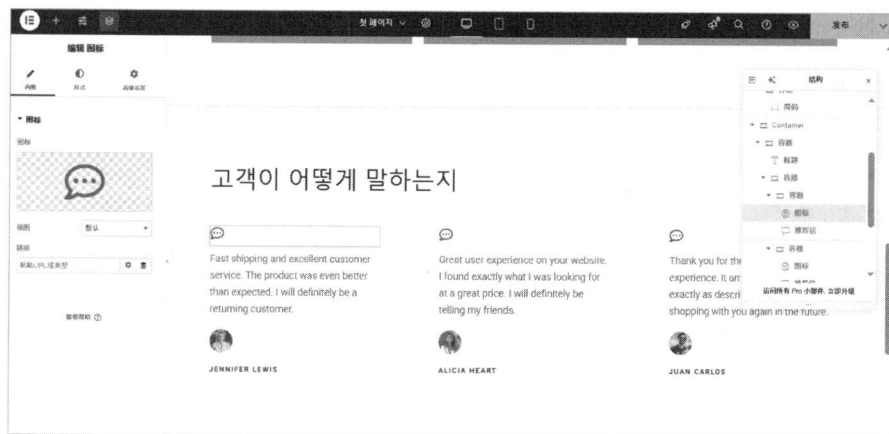

图 10-26　设置图标成功

接着是"样式"的设计，单击"样式"按钮可以切换编辑图标的样式，管理员可以设置图标的对齐方式、主要颜色、尺寸和旋转，如图 10-27 所示。

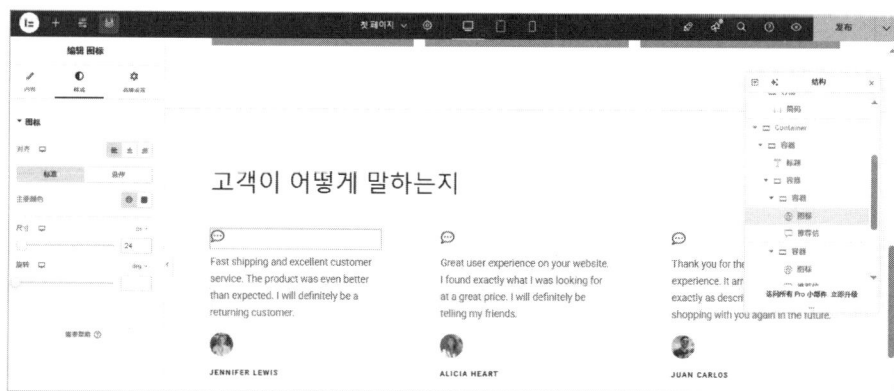

图 10-27　编辑图标样式

最后是"高级设置"，单击"高级设置"按钮，管理员可以对布局、动作效果、变换、背景、边框、遮罩、响应式、属性和自定义 CSS 进行设置，如图 10-28 所示。

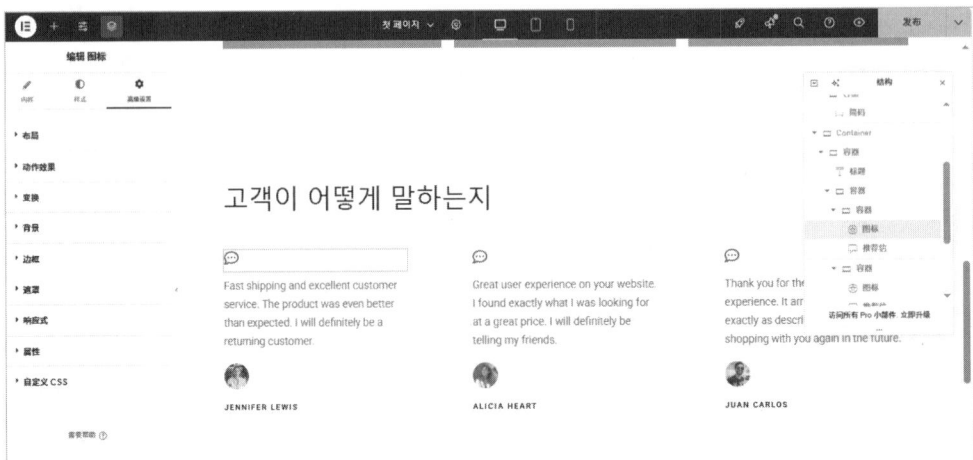

图 10-28　图标高级设置

（6）推荐信

单击"推荐信"按钮，管理员可以设置推荐信的内容、样式和高级设置。

首先是"内容"的设计，推荐信的内容设置主要包括推荐信内容、图像、图像分辨率、名称、标题、链接、图像位置、对齐方式等，这里主要设置内容、图像和名称，如图 10-29 所示。

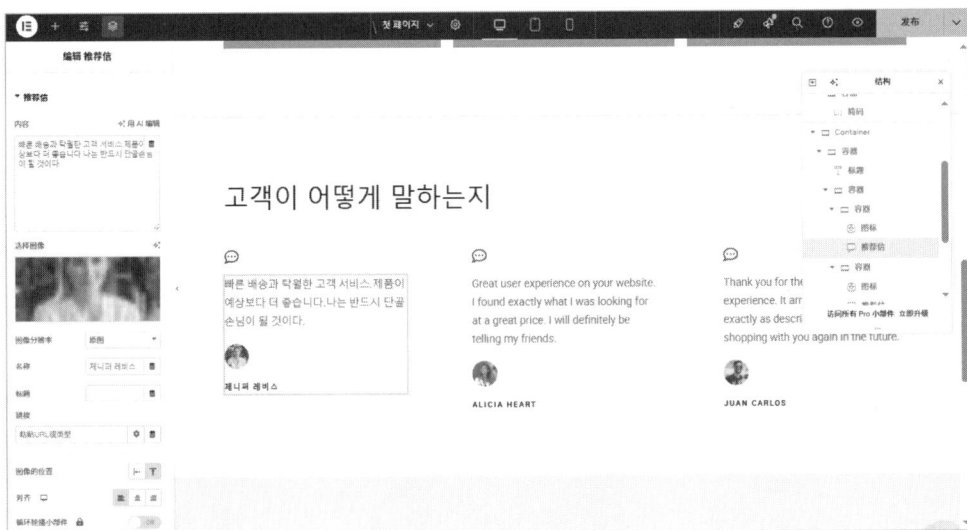

图 10-29　编辑推荐信内容

接着是"样式"的设计，单击"样式"按钮切换编辑推荐信的样式，管理员可以设置推荐信内容、图像、名称、标题的样式，如图 10-30 所示。

最后是"高级设置"，单击"高级设置"按钮，管理员可以对布局、动作效果、变换、背景、边框、遮罩、响应式、属性和自定义 CSS 进行设置，如图 10-31 所示。

对于页面不需要的内容，管理员可以单击右侧结构中的"眼睛"小图标选择是否展示容器，或者鼠标右键选择删除等其他操作，如图 10-32 所示。

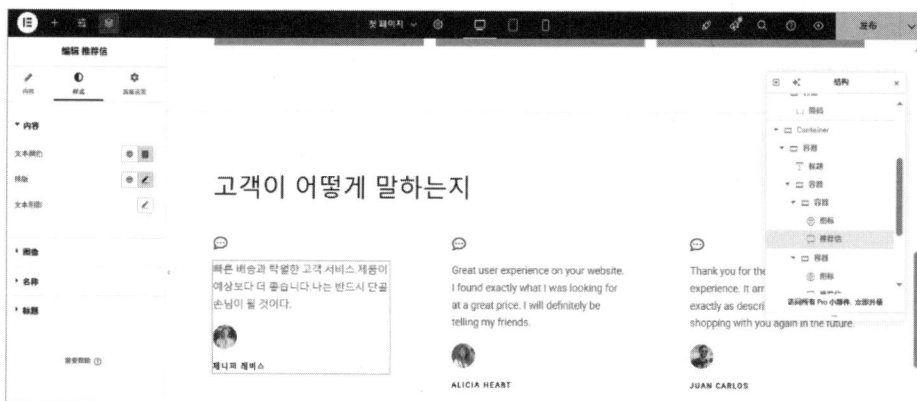

图 10-30　编辑推荐信样式

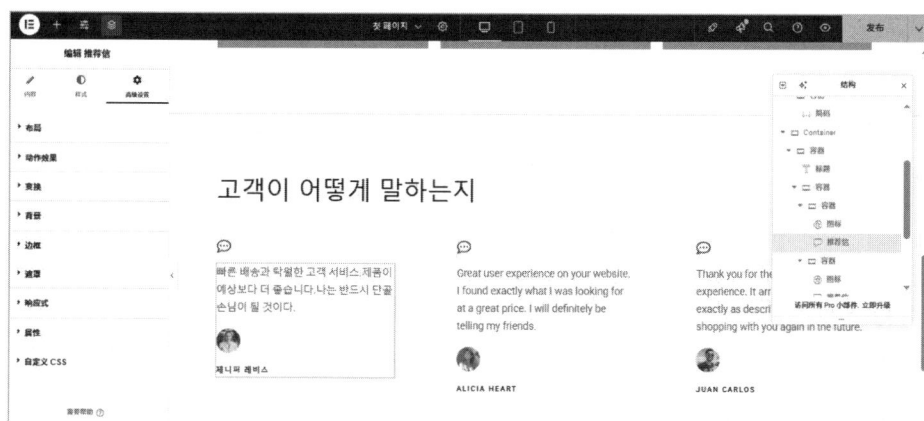

图 10-31　推荐信高级设置

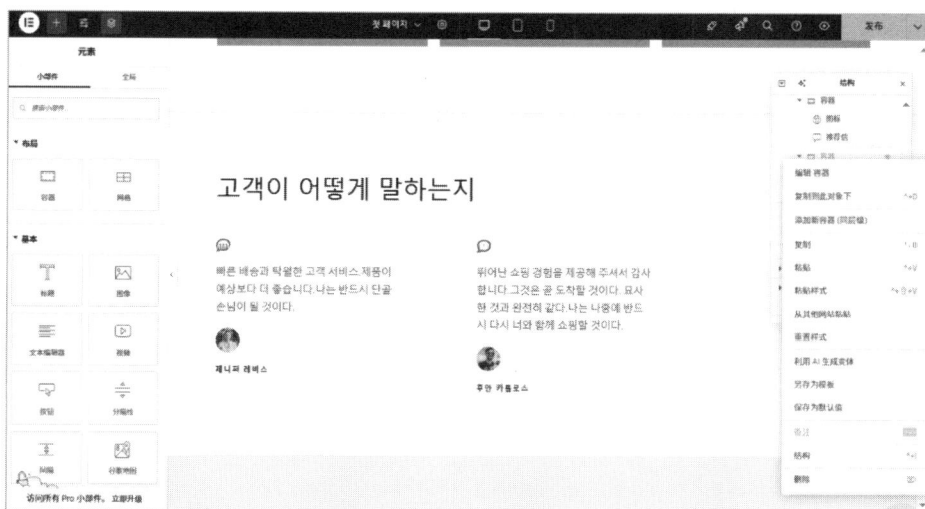

图 10-32　容器操作

　　在页面底部，管理员如果想添加其他内容，可以选择添加新容器、添加模板、用 AI 构建和在 Starter Templates 中选取页面，如图 10-33 所示。

图 10-33　添加内容

　　首页设置完成后，管理员可以单击右上角"眼睛"小图标预览更改，确认完成后单击"发布"按钮，页面内容更新完成。

　　其他页面均按照此操作将页面翻译为韩文。

10.1.4　菜单配置

　　Polylang 插件支持多语言菜单管理，确保不同语言的访客看到对应的导航内容。以下是详细的菜单配置步骤。

1. 为每种语言创建独立菜单

　　在 WordPress 后台管理页面，在"外观"菜单下的"菜单"中，单击"创建一个新菜单"按钮，在"菜单名称"处输入菜单名称，例如："中文菜单"，输入完成后单击"创建菜单"按钮，接着在左侧添加所需菜单项，包括页面、自定义链接等，如图 10-34 所示。

图 10-34　创建菜单并添加菜单项

2. 为菜单分配语言

在菜单编辑界面，Polylang 会提供语言选项，在左侧添加菜单项区域，单击"语言切换器"按钮，勾选"语言"选项，并单击"添加到菜单"按钮。管理员还可以设置语言切换器的显示样式，包括显示下拉列表、显示语言名称、显示国旗等，如图 10-35 所示。

图 10-35　添加语言切换器

3. 设置菜单显示位置

在菜单下方位置，管理员可以设置显示位置，勾选相应的菜单位置，确保每个语言的菜单都分配了相同的显示位置（Polylang 会自动根据用户语言切换菜单），如图 10-36 所示。

图 10-36　设置菜单显示位置

设置完成后单击"保存菜单"按钮即可完成中文菜单的设置，韩文菜单按照同样的操作生成。

中文菜单和韩文菜单设置完成后，在前台页面，用户在右上角单击"语言切换器"按钮可以切换不同语言的菜单，如图 10-37、图 10-38 所示。

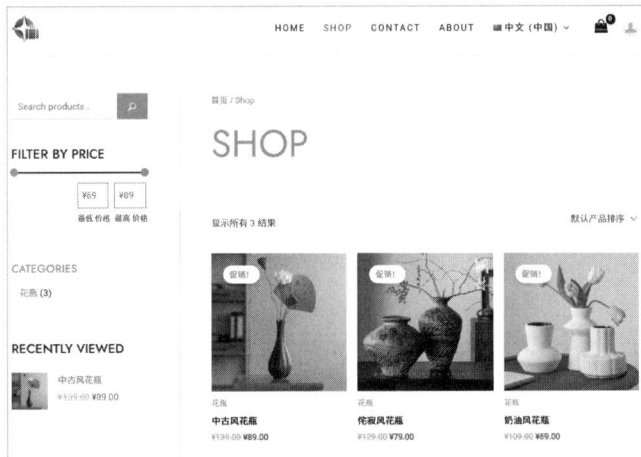

图 10-37　中文商店页

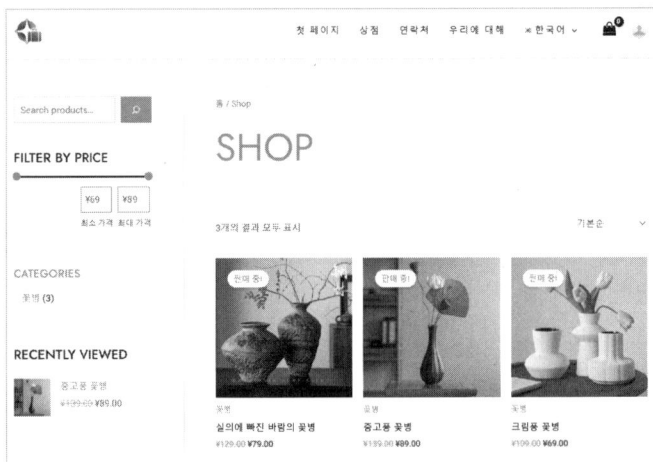

图 10-38　韩文商店页

10.2　安装多支付插件

在跨境电商蓬勃发展的今天，支付方式的多样性直接影响着海外客户的购买决策。安装多支付插件是外贸网站提升全球竞争力的关键举措，它能满足不同国家和地区消费者的支付习惯，大幅降低购物车弃单率。从国际信用卡到本地电子钱包，多元化的支付选择不仅为买家带来便利，更能显著提高转化率和客户忠诚度，是外贸企业开拓国际市场不可或缺的基础设施。

10.2.1　WooCommerce Stripe payment Gateway 插件

WooCommerce Stripe Payment Gateway 是 WooCommerce 官方推出的支付集成插件，支持全球商家通过 Stripe 支付平台安全接收信用卡、数字钱包（如 Apple Pay、Google Pay）及本地化支付方式（如支付宝、iDEAL 等）。该插件提供嵌入式支付表单，客户无须跳转即可完成交易，优化结账体验并提升转化率。适用于跨境电商、订阅制业务等场景，手续费透明，无月费。作为 WooCommerce 生态的核心支付方案，Stripe 插件以全球化覆盖、高安全性和易用性成为外贸独立站的理想选择。

10.2.2　安装插件

在 WordPress 后台管理页面，单击"插件"菜单下的"安装新插件"按钮，进入插件安装管理页面。在搜索框中输入"WooCommerce Stripe payment Gateway"，单击"立即安装"按钮，安装插件，安装完成后单击"启用"按钮即可启用此插件，如图 10-39 所示。

图 10-39　安装并启用插件

10.2.3　插件配置

在 WooCommerce 菜单下的"设置"子菜单中，选择"付款"选项卡，可以看到所有的付款方式，包括银行汇款、支票付款、货到付款和未启用的 Stripe，单击 Stripe 支付方式右侧的"完成设置"按钮进入 Stripe 的设置，如图 10-40 所示。

单击"Create or connect a test account"按钮创建或连接测试账户，进入 Stripe 设置页面，如图 10-41 所示。

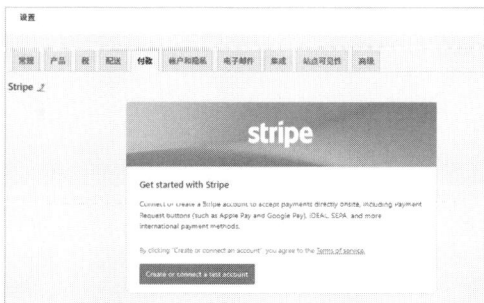

图 10-40　Stripe 设置（1）

图 10-41　Stripe 设置（2）

设置完成后，单击"提交"按钮，跳转到付款方式页面，管理员可以根据需求选择付款方式和快速结账方式，设置完成后单击"save changes"按钮，如图 10-42 所示。

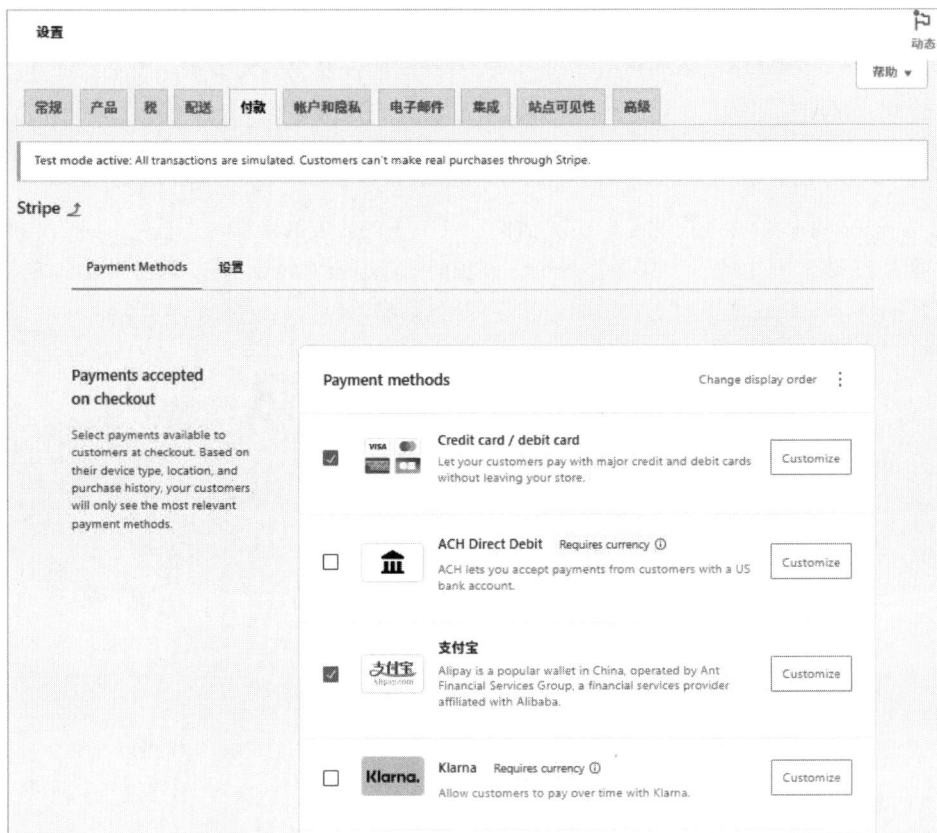

图 10-42　付款方式设置

付款方式和快速结账方式设置完成后，用户在前台结账页面就可以选择多种支付方式，如图 10-43 所示。

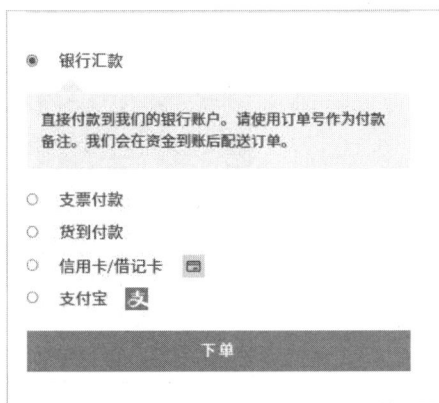

图 10-43　前台付款方式选择

第**11**章

WordPress 外贸站实战

本章概述

从浏览到付款，一次顺畅的购物体验是外贸网站成功的关键，外贸站的运行流程涵盖用户访问、商品浏览与选择、订单提交与支付、商家发货、用户收货与评价等多个环节，形成完整的线上交易闭环。本章将详细介绍如何购买商品、管理员发货、完成订单等多个环节的具体流程。

知识导读

本章要点（已掌握的在方框中打钩）
☐ 购买商品
☐ 支付方式
☐ 审核评论

11.1　用户：购买商品

用户购买商品的流程如下。

（1）登录商店前台页面，可以查看商店的所有商品。在左侧，用户可以根据商品名称搜索商品，通过价格筛选商品，根据分类筛选商品，查看最近浏览过的商品；在右侧，用户选择不同的方式对商品排序，如图 11-1 所示。

（2）用户可单击商品图片或商品名称进入商品详情页面，可以看到关于商品的描述、其他信息、用户评价、价格、分类、标签、品牌等信息，如图 11-2 所示。

（3）在商品详情页面用户可以选择数量并单击"加入购物车"按钮，商品将被加入购物车中。加入购物车后，会在页面上方提醒"商品已被添加到购物车"，用户可以单击"查看购物车"按钮，或者单击右上角的"购物车图标"进入购物车页面，如图 11-3 所示。

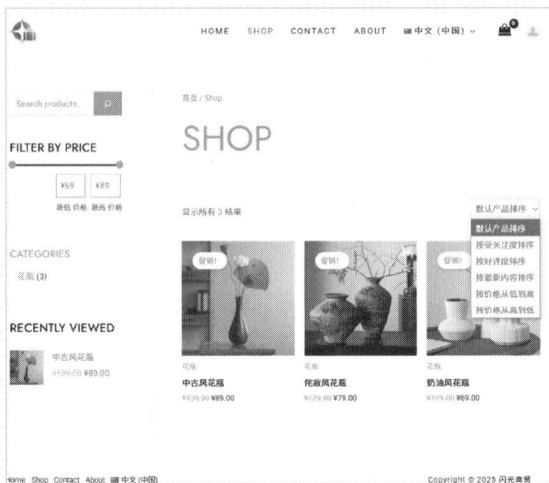

图 11-1　全部商品页面

图 11-2　商品详情页面

图 11-3　加入购物车

（4）用户进入购物车页面后，可以看到商品名称、商品价格、商品数量、商品总价等信息，用户可以修改购买数量和进行删除操作；用户还可以添加优惠券，在输入框中输入优惠券代码，单击"使用优惠券"按钮，页面上方显示"优惠码使用成功"，商品总价将会减少，如图 11-4 所示。

图 11-4　购物车页面

（5）单击"去结算"按钮，进入结账页面，用户可以看到收货信息、订单信息等，在右侧用户还可以选择付款方式，如图 11-5 所示。

图 11-5　结算页面

（6）用户将上述信息填写完成并核对好后，单击"下单"按钮，显示已收到订单页面，用户可以在此页面看到订单号码、日期、商家账户详情、订单详情、账单地址等信息，如图 11-6 所示。

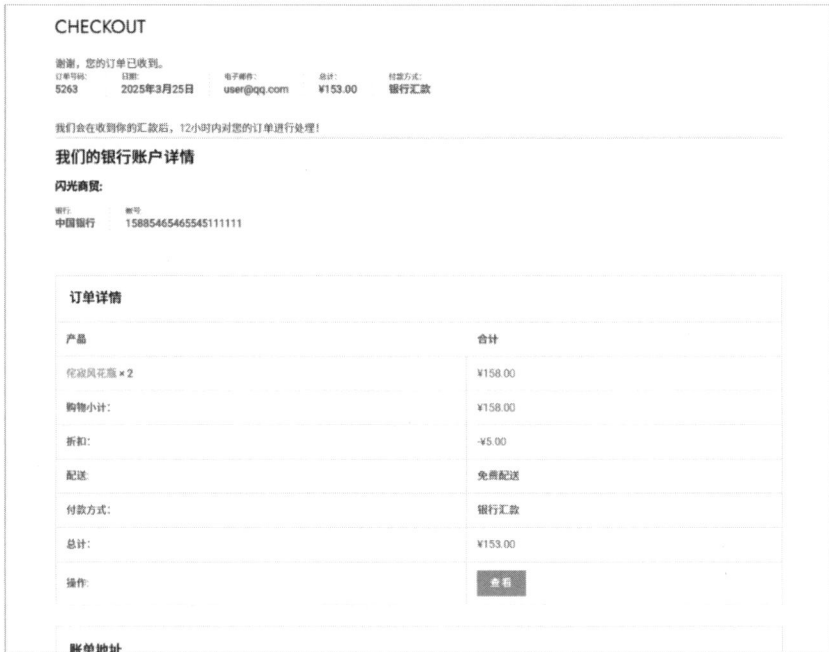

图 11-6　已收到订单页面

11.2　管理员：查看订单

用户提交完订单之后，管理员可以在后台查看订单，在 WordPress 后台管理页面，进入"订单"子菜单可以查看用户"派大星"刚刚提交的订单，状态显示为保留状态，如图 11-7 所示。

图 11-7　订单页面

11.3　用户：支付购物款

对于未付款的订单，用户可以在前台"个人账户"页面，单击"订单"按钮，显示订单状态为"保留"，用户使用线下银行汇款，汇款后通知管理员，如图 11-8 所示。

图 11-8　支付购物款

11.4　管理员：订单发货

　　用户支付完成后，进入发货流程。管理员联系快递员取件，快递员取件后就可以获得快递单号，并将快递单号录入系统中。

　　在"订单"中选择需要录入单号的订单，进入编辑订单页面，在右下角的"添加备注"输入框中输入快递单号，并在下拉列表中选择"客户须知"，如图 11-9 所示。

　　单击"添加"按钮后，在订单备注下就会显示快递信息，然后单击"更新"按钮，如图 11-10 所示。

图 11-9　添加快递单号

图 11-10　更新订单

11.5　用户：等待收货

管理员发货并输入快速单号后，用户可以在前台"个人账户"页面，单击"订单"按钮，查看订单信息，页面出现订单更新的快递信息，如图 11-11 所示。

图 11-11　前台订单信息更新

11.6　用户：确认收货并评价

用户确认收货后，在商品详情页面，选择"用户评价"选项卡，评级选择为"五颗星"，并在评价输入框输入评价"非常好看！"，如图 11-12 所示。

图 11-12　提交用户评价

单击"提交"按钮后，用户评价显示正在等待批准，如图 11-13 所示。

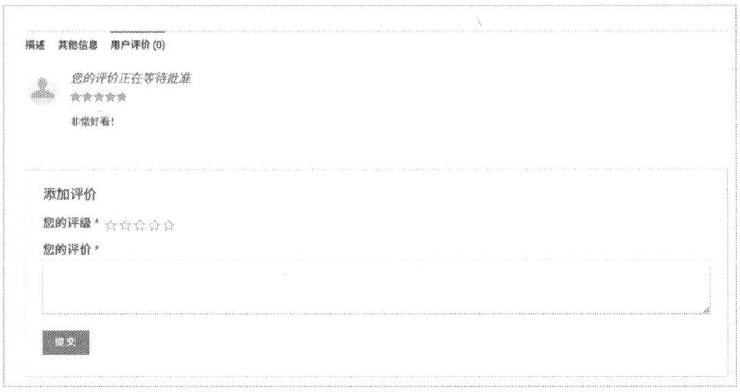

图 11-13　用户评价页面

11.7　管理员：审核评价并回复评价

用户评价商品后，只有用户自己可以查看评价，完全展示需要经过管理员审核，管理员在 WordPress 后台管理页面单击"产品"菜单下的"评价"按钮，可以查看用户"派大星"的评价"非常好看！"，将鼠标移到评价上，单击"接受"按钮批准评价，之后所有的用户都可以查看到此评价，单击"回复"按钮，管理员可以回复用户的评价；如图 11-14 所示。

图 11-14　审核并回复评价

11.8　用户：查看评价和回复

管理员审核和回复评价后，在商品详情页面，所有用户都可以查看审核通过的评价并看到管理员的回复，如图 11-15 所示。

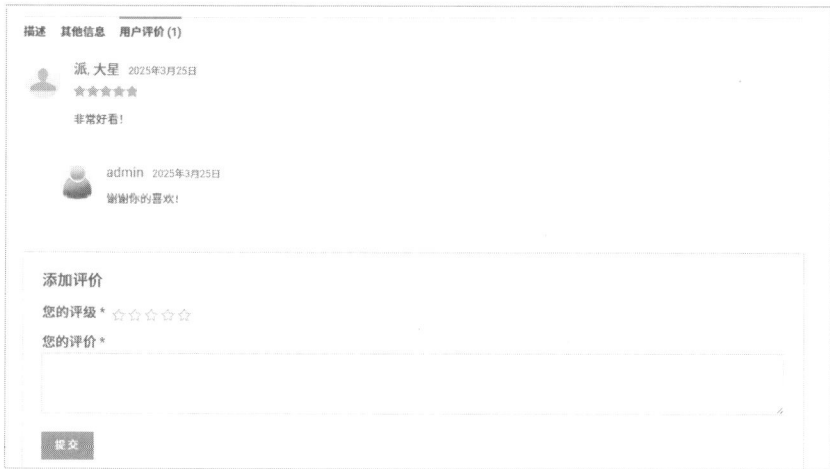

图 11-15　查看审核通过的评价及回复

11.9　管理员：完成订单

用户收货 7 天后，管理员在 WordPress 后台管理页面"订单"子菜单，将订单状态由"保留"更改为"已完成"，并单击右侧"更新"按钮，如图 11-16 所示。

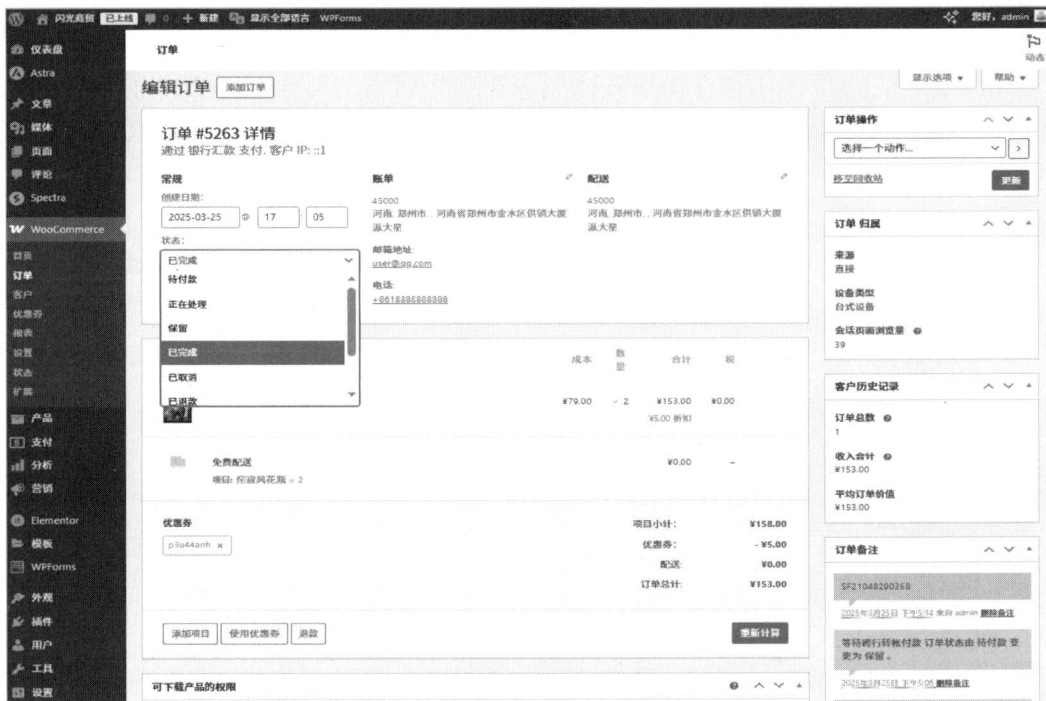

图 11-16 更改订单状态

11.10 用户：查看已完成订单

管理员将订单状态更新为"已完成"后，用户可以在前台"个人账户"页面，单击"订单"按钮，查看订单状态为"已完成"，如图 11-17 所示。

图 11-17 订单完成